前言
Preface

当人类有了文明后，信息就得以被记录。最初的绘图形式可以追溯到石器时代，人们用刀具在石头上进行雕刻，创造出原始的图案和符号。这种方式需要人们亲自动手，通过手工处理石头来表达他们的创意和想法。但这既费时又需要技巧，限制了创作的速度，增加了创作的复杂度。

随着时间的推移，在造纸术被发明后，人们开始将创作转移到纸上。纸上绘画的出现使得绘图更加灵活便捷。艺术家们可以用笔、颜料等工具在纸上表达自己的创意和感受。这种方式不仅减少了对物质的依赖，还提供了更广阔的表现空间和更丰富的创作技巧。

然而，纸上绘画的局限性在于它依赖于人的手工技巧和创造力。随着摄影技术的发展，照相机的出现使得艺术家可以通过拍摄来捕捉现实世界的画面。摄影提供了一种更为精确和真实的记录方式，但仍需要冲洗底片和后期处理来获得最终的艺术效果。

进入计算机时代，计算机绘图成了一种新的创作方式。人们可以利用图形软件和绘图工具来创作和编辑图像，这种方式极大地提升了创作的灵活性和效率，我们可以使用各种工具和特效来实现自己的创意，并轻松地进行修改和调整。

在数字时代，人们对于艺术创造的需求越来越强烈。艺术和设计不再局限于传统媒介，而是在计算机技术的推动下，进入了全新的领域。其中，人工智能（AI）出图软件作为一种突破性的技术，引发了大众巨大的兴趣和热情。通过训练神经网络模型，AI 出图软件可以学习和模仿人类的创作风格，并生成高度逼真的图像。人们只需给出简要的指令，AI 就能够自动创作出令人惊叹的艺术作品。这种创作方式直接将大脑的思维变成具象的画面，大大减少了中间环节，使创作变得更加高效。

　　为什么要学习 AI 出图软件呢？这个问题不仅关乎个人兴趣和职业发展，还涉及我们如何应对未来发展的机遇和挑战。AI 出图软件不仅可以极大地提升我们的创作效率，还具备无限的创造潜力和惊人的应用前景。

　　首先，AI 出图软件在艺术创作方面带来了巨大的突破。通过机器学习和深度神经网络算法，这些软件可以模拟人类的创造力和审美，帮助我们快速生成各种风格独特、令人惊叹的艺术作品。无论是绘画、插图、图形设计，还是虚拟现实，AI 出图软件都能够为我们提供全新的艺术表达方式，激发无限的想象力和创造力。

　　其次，AI 出图软件也在商业和科学领域展现出巨大的应用潜力。无论是产品设计、广告制作，还是数据可视化，AI 出图软件都能够帮助我们创造出更具吸引力和功能性的作品。此外，AI 技术还可以与其他领域的创新技术结合，例如增强现实（AR）、虚拟现实（VR）和混合现实（MR），为用户带来沉浸式的交互体验。

　　那么，我们应该如何学习 AI 出图软件呢？首先，了解和熟悉软件的基本功能和操作是必要的。通过学习软件界面、工具和命令，我们可以掌握使用软件进行创作的基本技能。其次，深入了解 AI 技术的原理和应用，对于理解软件背后的算法和模型是至关重要的，这将使我们能够更好地理解软件的工作原理，并在创作过程中灵活运用。

　　此外，跟随专业的教程和指导，积极参与社区交流和实践，都是高效学习 AI 出图软件的主要方法。通过参与相关的在线社区和论坛，我们可以学习更多技巧，与其他使用者分享经验，并从他们的实践中汲取灵感。同时，参加相关的培训课程、工作坊，或学习在线教育平台提供的资源，也可以系统地学习和提升技能。

　　随着人工智能技术的不断进步和发展，AI 出图软件的潜力将变得更大。它们将不断改变我们对艺术和设计的理解，扩大创作的边界，提高创作的可能性。学习 AI 绘图软件不仅可以提升我们的技能和竞争力，还可以让我们走在时代的前沿，积极应对未来的机遇和挑战。

　　因此，让我们勇敢踏上这个关于创造力的旅程，通过学习 AI 出图软件，释放想象力，挖掘无限的艺术潜能。无论你是一名专业的设计师、艺术家，还是一个对艺术有浓厚兴趣的爱好者，AI 出图软件都将成为你追求艺术创造的强大工具。愿这本书能够为你提供指引和启发，引领你进入这个充满创意和机遇的数字艺术未来之门。

　　绘图方式的变化体现了人类对于创作过程不断追求简化和提速的渴望。我们逐渐从依赖物质和手工技巧的绘图方式，转向更加智能和直接的创作方式。未来，随着技术的进一步发展，我们有望实现更加直接的创作过程，甚至可能通过由大脑直接思考和想象的方式创作艺术作品。

　　尽管技术的进步带来了创作方式的变革，但是我们也应该审慎思考其影响和局限性。在追求效率和便捷性的同时，我们不能忽视人类的创意和情感的核心。艺术的力量在于其能够表达和传递人类的情感、思想和价值观。因此，无论是 AI 出图还是任何其他形式的创作，我们都需要保持对自身创造力和审美观念的培养和发展，以确保我们的作品能够真正触动和影响观者的心灵。

　　总的来说，绘图的发展史反映了人类对于创作方式不断探索和演变的历程。从在石头上雕刻到 AI 出图，我们都不断追求更直接、高效和智能化的创作方式。然而，无论未来的创作形式如何演变，我们都应该始终保持对艺术的热爱和敬畏之心，以创作出真正有意义、有深度的作品，让艺术继续为人类文明发展带来光明和启迪。

目录
Contents

第 4 章

Midjourney 多种风格案例实操

第 5 章

Midjourney 提示词精要

作者介绍

丞李

"食摄马也"创始人兼 CEO，AI 研习社社长，头部品牌营销战略顾问，数字艺术家，广告设计师。

小红书号：丞李的 AI 物语（2609679696）
公众号：食摄马也

读者服务

读者在阅读本书的过程中如果遇到问题，可以关注"有艺"公众号，通过公众号中的"读者反馈"功能与我们取得联系。此外，通过关注"有艺"公众号，您还可以获取艺术教程、艺术素材、新书资讯、书单推荐、优惠活动等相关信息。

扫一扫关注"有艺"

资源下载方法：关注"有艺"公众号，在"有艺学堂"的"资源下载"中获取下载链接，如果遇到无法下载的情况，可以通过以下三种方式与我们取得联系：

1. 关注"有艺"公众号，通过"读者反馈"功能提交相关信息；

2. 请发邮件至 art@phei.com.cn，邮件标题命名方式：资源下载 +书名；

3. 读者服务热线：（010）88254161~88254167 转 1897。

投稿、团购合作：请发邮件至 art@phei.com.cn。

第1章
AI出图概述

AI出图是一种基于人工智能技术的图像生成方法，通过训练模型来学习图像的特征和规律，进而自动生成具有一定创意和艺术性的图像。AI出图可以应用于多个领域，如艺术创作、设计、游戏开发等，为人们带来全新的视觉体验和创作灵感。AI出图技术的发展将推动图像生成领域的进一步发展和应用。

CHAPTER

01

1.1　AI出图的原理

　　AI 出图的原理主要基于深度学习和生成对抗网络（GAN）技术。深度学习是一种机器学习方法，通过多层神经网络学习数据的特征和规律，进而进行预测和分类。生成对抗网络是一种基于深度学习的模型，由生成器和判别器两个部分组成，通过不断对抗学习来生成具有高逼真度的图像。

　　在 AI 出图中，通常需要提前准备一些数据集作为训练数据，例如艺术作品、照片等。通过深度学习模型对这些数据进行训练，模型可以学习到数据中的特征和规律，进而生成新的图像。具体来说，生成对抗网络中的生成器会随机生成一些图像，而判别器会评估这些图像的真实度，生成器会根据判别器的评估结果不断调整自己的生成策略，直到生成的图像可以"欺骗"判别器。

　　通过不断的训练和优化，生成器可以逐渐生成具有高逼真度和艺术性的图像，实现 AI 出图的效果。同时，AI 出图技术也可以通过引入一些随机因素和人为干预来增加图像的创意和变化。

1.2 AI出图的应用领域

AI出图技术可以应用在许多领域，包括但不限于以下几个方面：

艺术创作: AI出图可以生成具有艺术感和创意性的图像，为艺术家提供新的创作灵感和工具。例如，一些艺术家使用AI出图来生成画作、雕塑等艺术作品。

设计：AI 出图可以为设计师提供新的设计元素和风格，例如在平面设计、产品设计和建筑设计等领域，设计师可以使用 AI 出图生成高质量的视觉元素和设计方案。

游戏开发： AI 出图可用于游戏场景、角色和道具的生成，为游戏开发者提供更快速和便捷的开发方式。同时，AI 出图还可以实现游戏中的场景自动生成和动态特效等功能效果。

影视制作： AI出图可以用于影视特效、场景建模和虚拟拍摄等方面，为电影、电视剧和游戏等娱乐产业提供更加逼真和高质量的视觉效果。

教育：AI 出图可用于教育领域中的可视化教学、科普动画和教学游戏等方面，为学生提供更加生动和直观的学习体验。同时，AI 出图还可用于学术研究中的数据可视化和科学模拟等方面。

总之，AI 出图技术的应用领域十分广泛，未来还有很大的发展空间。

1.3 如何把握AI出图的趋势

未来，随着技术的不断发展和应用的不断拓展，AI出图将会越来越成熟和普及。在未来的发展趋势中，我们可以预见AI出图将会进一步提升图像生成的质量和逼真程度，同时也会更加注重与人类艺术家的合作和交流，以实现更好的艺术创作效果。此外，AI出图也将会更加广泛地应用于各个领域，例如娱乐、广告、设计、教育等，从而推动产业的创新和发展。总之，AI出图在未来具有非常广阔的应用前景和发展空间，我们可以期待着更多有趣、创新和实用的应用场景。

AI出图在未来具有以下几个方面的优势：

提高效率： AI出图可以自动化生成图像，大大提高了图像设计和生成的效率，节约时间和成本。

提高精度： AI出图可以生成高精度的图像数据和分析结果，提高设计和制造的精度和准确性。

扩展创造性： AI出图可以为设计师提供更多的设计选择和方案，从而扩展设计的创造性和想象力。

节约成本： AI出图可以降低制作成本，提高企业的

市场竞争力。

改进人机交互： AI 出图可以实现更加智能化和自然的人机交互方式，提高用户体验和参与度。

促进跨领域合作： AI 出图可以将不同领域的专业知识和技术结合起来，实现跨领域合作，创造出更加创新和有价值的成果。

推动文化创意产业发展： AI 出图可以为文化创意产业带来更多的机遇和发展空间，为文化创意产业注入新的活力和创新力。

引领数字化时代的创新： AI 出图是数字化时代的重要创新之一，它可以为许多行业带来革命性的变化，提供更加准确、全面的决策支持和指导。

1.4 Web 3.0、元宇宙和AI有什么关系

Web 3.0、元宇宙和 AI 是当前科技领域中非常热门的概念，它们之间存在着紧密的联系和互动，可以概括为以下几点：

Web 3.0 是下一代互联网的发展方向，将互联网从中心化向去中心化转变，通过区块链技术和智能合约实现价值互联。AI 技术是 Web 3.0 的重要组成部分，通过机器学习、自然语言处理等技术，为 Web 3.0 提供智能化支持。

元宇宙是 Web 3.0 的一个重要应用场景，是一种虚拟的、全息的、立体的数字世界。AI 技术可以为元宇宙提供丰富的内容和智能服务，例如人工智能角色、自主交互系统等。

AI 技术在元宇宙中的应用也是 Web 3.0 的一个重要方向。例如，可以通过 AI 技术来构建元宇宙的虚拟场景和角色，实现更加真实和自然的交互体验。

Web 3.0、元宇宙和 AI 之间是密不可分的关系，它们相互支持和促进，共同构建了未来数字世界的基础设施和核心应用场景。

第2章

Midjourney使用基础

Midjourney是一种能够根据文本内容生成图像的人工智能程序，由Midjourney研究实验室研发。

CHAPTER 02

2.1 Midjourney介绍

Midjourney 在 2022 年 7 月 12 日正式进入公开测试阶段，并以 Discord 频道的形式为用户提供服务（Discord 是一款类似于 QQ 和微信的聊天工具）。通过使用 Discord 机器人指令，用户可以利用 Midjourney 创建各种独特的图像。

因此，为了使用 Midjourney，用户需要先注册一个 Discord 账户，然后进入 Midjourney 的 Discord 频道。用户可以通过浏览器或客户端来使用 Discord。Midjourney 是一种颠覆传统艺术创作方式的创新工具，让用户可以轻松地将想象变成现实。

Midjourney 作为一款多功能的 AI 图像生成器，与 Stable Difussion 和 Dall-E2 相比表现得更加出色，Midjourney 更易于使用，并且可以在不到 1 分钟的时间内生成 4 张图像，使其成为许多为创意项目寻求灵感的艺术家或创意者的热门选择。Dall-E2 现在处于相对比较初期的阶段，和其他两个平台还有很大的差距。

Midjourney 提供了文生图、图生文和图像无限扩展等功能，而 Stable Diffusion 则支持文生图、图生图和图像重绘。Stable Diffusion 作为一个开源的平台，还开发了多种基于该模型的特色功能，包括采用 textualinversion 或 dreambooth 进行个性化模型训练，用 controlnet 实现可控的生成过程。这些扩展应用使 Stable Diffusion 的功能在发展初期比 Midjourney 具备了更多优势，但现在 Midjourney 的发展速度已经不可同日而语。

Midjourney 生成的图像质量高且稳定，仅仅输入简单的 /image prompt 就可以有非常棒的效果。Midjourney 5.2 版本更新以后，/shorten（提示词精简）对提示词这块的约束更加精准，它让我们更好地了解提示词，使 /prompt 提示词变得更简短，效果也超乎想象。我们要做的就是给 AI 提供思路、创意和落地场景，这是 Midjourney 坚守的一个根本。相比 Midjourney，Stable Diffusion 在图像生成方面的质量相对较差，需要更复杂的 /prompt 提示词才能生成高质量的图像，这也让更多专业人士望而却步。

总之，Midjourney 在图像生成方面具有出色的质量和稳定性，而 Stable Diffusion 则在功能扩展和社区支持方面表现更为优秀。这两家创始人的创业理念也非常不同，笔者作为一名创业者，Midjourney 的做事态度和思路是我所喜欢和欣赏的，也是我决定写这本书的一个重要原因。

2.2 Midjourney使用基础及Discord频道介绍

要使用 Midjourney 就必须通过 Discord，它是一种类似 QQ、微信的新型聊天工具。Midjourney 的使用方式是：通过给 Discord 频道内的聊天机器人发送对应文本，聊天机器人返回对应的图像。

要想使用 Midjourney，需要先注册一个 Discord 账号，然后进入 Midjourney 的 Discord 频道。在我们注册了账号之后，就可以通过浏览器或下载 Discord 客户端使用 Discord 频道。

2.2.1　Discord操作界面与菜单

这里以 Discord 客户端为例，双击 Discord 客户端，进入"Discord"操作界面。

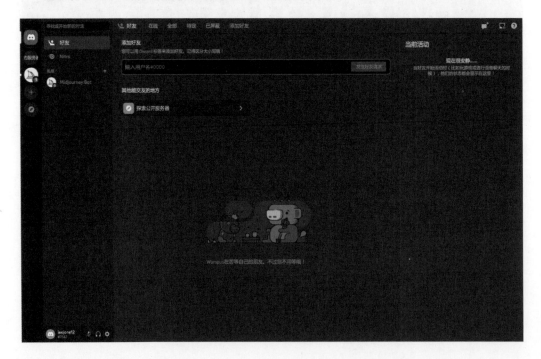

在"Discord"操作界面左上角单击"+"按钮，就会出现"创建服务器"的弹出窗口，然后单击"亲自创建"选项，选择"仅供我和我的朋友使用"选项，创建"服务器名称"，头像可以用官方默认的（可以不填）。后面的信息就可以按自己情况填写，填写完成之后进入我们的服务器，创建服务器就完成了。

2.2.2 将Midjourney服务器连接到Discord

下面的主要任务就是添加 Midjourney 机器人。首先单击左侧"探索公开服务器"图标，单击第一个"Midjourney"选项。

Midjourney 社区是一个开放式的社区，像一个广场一样，你会看到很多图文信息，大家都在这里出图。界面左侧的一栏是该服务器频道，其中有 Midjourney 管理人员的频道，他们会发布一些更新信息等。还有一些是公众的出图频道，新手可以在这里学习其他人怎么用提示词出图。但由于广场信息太多，因此我们在这里出图时很容易找不到所需要的图片。

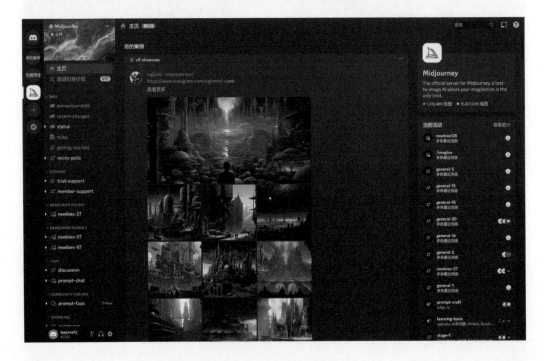

接下来就是加入 Midjourney 社区，根据界面的提示进行验证，直至成功加入 Midjourney 社区。

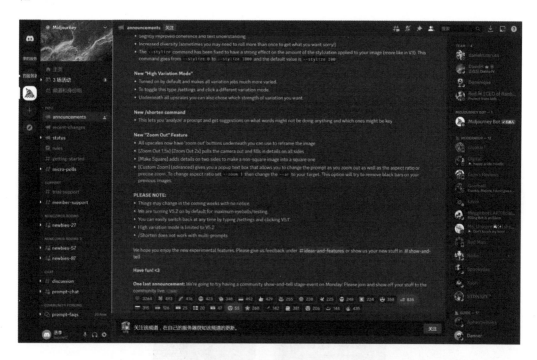

下面切换一下频道去找到机器人。任意单击频道，双击右侧顶部的"成员名单"按钮，打开对话框。

单击"Midjourney Bot"选项，接着单击"添加至服务器"按钮，选择刚刚创建好的服务器，然后进行授权验证。

验证完毕就可以进入我们的服务器，这时可以看到，机器人已经在我们右侧的成员列表里了。经过这一系列的添加验证，你的 Midjourney AI 出图之旅就可以开始啦！

第3章

用Midjourney
进行出图

我们首先用最简洁快速的方法进行一次Midjourney的创作体验，然后
对各个步骤和细节展开详细的分析与呈现。

CHAPTER 03

3.1 /imagine出图

在输入框中输入"/"符号，将自动唤醒 Midjourney Bot 的提示，选择 "/imagine"（构思），在"prompt"后面输入英文提示词，然后按回车键进行出图。

3.1.1 Midjourney的基本出图步骤

登录你的 Discord 账户。你可以在任何使用 Discord 的地方通过网络、手机或桌面应用程序访问 Midjourney Bot。在加入 Midjourney Discord 服务器之前，你必须拥有经过验证的 Discord 账户。前往 Midjourney 官网，使用经过验证的 Discord 账户进行登录。

转到 Discord 并添加 Midjourney 服务器。要加入或创建服务器，请单击左侧边栏的"+"按钮，在服务器列表底部单击"Join a Server"按钮，并粘贴或输入"discord.gg/midjourney"。

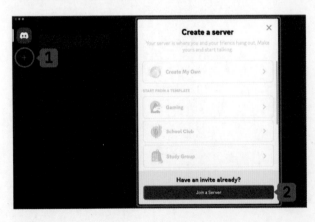
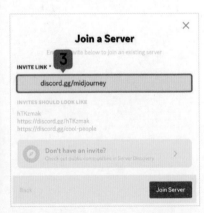

转到任何 #newbie 或 #general 频道。Midjourney 的 Discord 服务器的侧边栏图片突出显示了新手频道，在 Midjourney 官方服务器上选择左侧栏中可见的任何 #newbie 或

#general 频道。在其他服务器上，你可以在任何已邀请 Midjourney Bot 的 Discord 服务器上使用 Midjourney Bot 生成图像，并可以在你的服务器上查找有关在何处使用 Midjourney Bot 的说明。

我们可以使用 /imagine 命令与 Discord 上的 Midjourney Bot 交互。/imagine 命令用于创建图像、更改默认设置、监视用户信息，以及执行其他有用的任务。/imagine 命令从简短的文本描述（称为 prompt）生成一个独特的图像。

如何使用 /imagine 命令：

❶ 从斜杠命令弹出窗口中输入"/imagine prompt"，或直接输入斜杠唤醒命令，再选择下拉菜单里的"/imagine"。

❷ 在字段中输入要创建图像的描述（prompt）。

❸ 发送你的消息。

小贴士

Midjourney Bot 最适合使用简单、简短的句子来描述你想要看到的内容。避免长句式的请求列表。后文中会提到 Midjourney 5.2 的 /shorten 功能可以解决精简提示词的问题。

接受服务条款。Midjourney Bot 将生成一个弹出窗口，要求你接受服务条款。在生成任何图像之前，你必须同意服务条款，如右图所示。

处理作业。Midjourney Bot 需要大约一分钟的时间来生成四个选项，处理作业的进度效果如下图所示。Midjourney 使用强大的图形处理单元 (GPU) 来解释和处理每个 prompt 提示词。当你购买 Midjourney 的订阅服务时，其实就是在购买使用 GPU 的时间。每次创建图像时，你都会使用一些订阅的 GPU 时间。使用 /info 命令可以检查你的剩余使用时间。

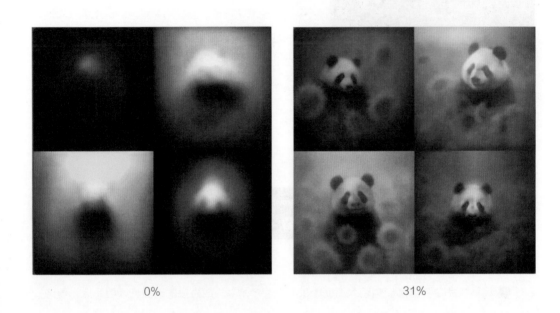

0%   31%

46%   62%

93%　　　　　　　　　　　　　　　　　100%

升级变化图像。初始网格图像生成完成后，会出现以下两行按钮。

U1 U2 U3 U4：使用这些按钮可以放大图像，生成所选图像的放大版本并添加更多细节。

V1 V2 V3 V4：使用这些按钮可以创建所选图像的细微变化，即会生成与所选图像的整体风格和构图相似的新图像。

重做◼：重新运行作业（重新滚动）。单击该按钮后，将重新运行原始提示，并生成新的图像。

创建变体或收藏你的图像。使用放大图像按钮后，将出现一组新选项。

Make Variations（制作变体）：创建放大图像的变体并生成包含四个选项的新图像。

Web（网络）：在 Midjourney 网站上打开图库中的图像。

Favorite（收藏夹）：标记你最喜欢的图像，以便在 Midjourney 网站上轻松找到它们。

保存图像。在计算机上，单击图像，以全尺寸打开它，然后右击并选择"Save image"选项。在手机上，长按图片，然后点击右上角的下载图标。所有图片均可立即在 Midjourney 的网站或手机 App 上查看。

3.1.2　prompt提示词口令

在 Midjourney 里面，prompt 是 Midjourney Bot 用来解释和描述生成图像的提示词。Midjourney Bot 将 prompt 提示词中的单词和短语分为更小的标记，将其与它们训练的数据进行比较，然后用于生成图像。优质的、精细化的 prompt 提示词可以帮助我们制作独特且更贴近我们想法的 AI 图像。

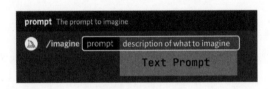

基本 prompt：可以是单个单词、短语或表情符号。

高级 prompt：可以包括一个或多个图像 URL、多个文本短语，以及一个或多个参数。

3.1.3　/imagine提示词生成图片

回到我们的服务器，然后在下面的输入框输入"/"，它会弹出一系列命令（如果没有弹出窗口，则退出软件并重新登录即可）。我们先单击"/imagine"（这个参数在后文再做详细解释），会出现如下图所示的情况。

输入一组提示词（切记：一组提示词的后面需要加上英文的逗号"，"），然后按空格键，空一格就行，下面看一组提示词，如下图所示。

然后接着上一步，在对话框内输入如下图所示的提示词，建议大家不要直接复制，先用键盘输入，体验一下操作过程。

按回车键发送，它会让我们进行授权，单击"Accept tos"按钮进行授权就行了。然后等待机器人出图，在发送的提示词后面可以看到图片生成的进度，等一会儿就会生成图片了，效果如右图所示。

3.1.4　图片指令及导出图片

图片生成完成后，会出现两排按钮：U 的意思是放大图片，U1/U2/U3/U4 分别指的是放大四张图片中的某一张；V 的意思是采用图片的构图形式，重新生成一组类似的图片，V1/V2/V3/V4 的顺序与 U1/U2/U3/U4 的顺序一样，如右图所示。

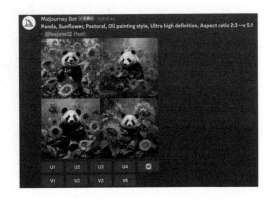

比如你想要导出第一张图片，那么单击"U1"按钮后等待出图，效果如右图所示。

单击图片，在浏览器中打开并保存图片，这张图片就被下载了，如下图所示（一定要用浏览器打开再保存图片，不然图片的尺寸会比较小）。

如果我们选中了第一张图片，且想要再优化一下细节部分，则可以单击"V1"按钮，重复之前的操作，效果如右图所示。

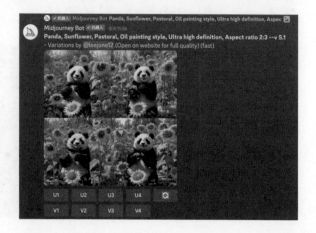

一般情况下，同一组提示词可以多生成几组图片，单击 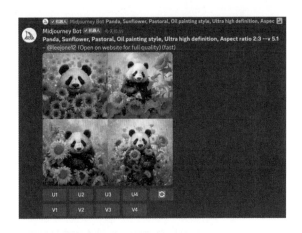 "重做"按钮，就会看到多条生成图片的消息，等待 Midjourney Bot 出图，然后找到喜欢的几张图片并进行挑选，效果如右图所示。

3.1.5　Midjourney的尺寸和分辨率

Midjourney 生成的图片尺寸均为纵横比为 1:1 的正方形，如下图所示。

模型版本	起始网格大小	V4 默认升频器	细节高档	轻高档	贝塔高档	最大高档**
默认模型版本 4	512 x 512	1024 x 1024 *	1024 x 1024	1 024 × 1024	2048 x 2048	-
版本 5	1024 x 1024	-	-	-	-	-
v1-v3	256×256		1024 x 1024*	1024 x 1024	1024 x 1024	1664 x 1664
尼基	512 x 512	1024 x 1024	1024 x 1024	1024 x 1024	2048 x 2048	-
虹5	1024 x 1024	-	-	-	-	-
测试/测试	512 x 512		-	-	2048 x 2048	-
高清	512 x 512		1536 x 1536*	1536 x 1536	2048 x 2048	

3.1.6　使用"变化"和"重做"按钮

使用"U1、U2、U3、U4"按钮放大和变化图像。单击 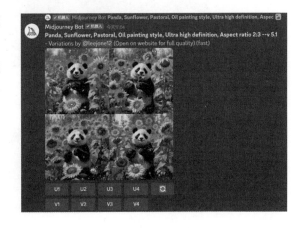 "重做"按钮，Midjourney 会在原图的基础上优化和调整细节，可以多次调试，从而找到适合你的图像，效果如右图所示。

3.2 Discord操作命令

你可以在 Discord 频道上与 Midjourney Bot 互动。Midjourney 服务器具有用于协作、技术和计费支持、官方公告、提供反馈和讨论的渠道。

3.2.1 基本命令概述

/ask 获取问题的答案，你可以提一些问题让 Midjourney 给你回答，类似 FAQ，如下图所示。

/blend 融合，一共可以上传 6 张图片，发送给 Midjourney Bot 后它会帮你把上传的图片融合在一起并生成一组新的图片，如下图所示。

/fast 快速模式，一般会限制快速模式的使用时长，建议你根据需要来使用这个命令，如下图所示。

/help 显示关于 Midjourney Bot 的基本信息和提示，即帮助中心，如下图所示。

/imagine 使用提示 prompt 生成一个图像，这个就是出图的命令，如下图所示。

/info 查看关于你的账户和任何排队或运行中工作的信息，例如可以查看账户的剩余出图时间等，如下图所示。

/stealth 对于专业计划的用户，可以使用此命令切换到隐身模式，即你生成的图片不在社区展示，如下图所示。

/public 对于专业计划的用户，可以使用此命令切换到公共模式，即你生成的图片在社区展示，如下图所示。

/subscribe 为用户的账户页面生成个人链接，如下图所示。

/settings 查看和调整 Midjourney Bot 的设置，如下图所示。

/prefer option set 创建或管理一个自定义选项，如下图所示。

/prefer option list 查看你当前的自定义选项，如下图所示。

/prefer suffix 指定一个后缀，添加到每个提示的末尾，如下图所示。

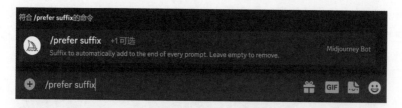

/show 使用图像作业 ID，在 Discord 内重新生成作业，如下图所示。

/relax 轻松模式。这个模式比快速模式慢，一般付费的用户用完快速模式之后会自动切换到轻松模式，如下图所示。

/prefer remix 开启 / 关闭混音模式，如下图所示。

/describe 描述命令，根据你的图像编写提示词，如下图所示。

3.2.2 /settings调整机器人设置

输入"/"，选择"settings"，直接发送，然后出现如下图所示的参数设置。

如下图所示的参数用于设置作业的模型版本。

如下图所示的参数用于设置作业的风格化参数。Stylize low（风格低）的参数为 --s 50，Stylize med（风格中）的参数为 --s 100，Stylize high（风格高）的参数为 --s 250，Stylize very high（风格非常高）的参数为 --s 750。

3.2.3 五种操作模式

下面重点介绍五种操作模式：

Public mode 用于在公共模式和隐身模式之间切换。对应于 /public 和 /stealth 命令。

Fast mode 用于在快速模式和轻松模式之间切换。对应于 /fast 和 /relax 命令。

Remix mode 用于切换到混音模式。对应于 /prefer remix。

High Variatiou Mode / Low Variation Mode 属于 V5.2 版本更新的"高变异模式"中的两种强度。

Reset Settings 用于返回默认设置。

Remix mode 是一个实验性功能。使用 Remix mode 可以更改提示词、参数、模型版本或画面尺寸。Remix mode 是以一张图的构图为原型，新任务图像会将这张原型图的构图作为新任务的一部分进行（即新任务的构图会模仿原型图的构图）。Remix mode 可以帮助我们改变图像的设置、光线、主题或比较棘手的构图。

/prefer remix 使用 /settings 命令切换到混音模式，该模式允许你在 V1/V2/V3/V4 编辑变化期间同步编辑提示。如果图片要重新变化，则可以直接选择"制作变体图"（Make Variations）按钮 Make Variations 。

打开混音模式后，操作按钮在使用时会变为绿色而不是蓝色。你可以在使用混音模式时切换模型版本。完成混音操作后，使用 /settings 或 /prefer remix 命令将其关闭。

在不修改弹出窗口的提示的情况下，在混音模式处于运行状态时创建标准图像的变体图。比如生成一个 birthday cake，效果如右上图所示。

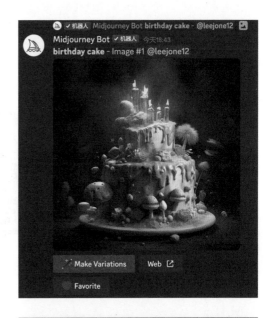

打开混音模式，选择"制作变体图"（Make Variations）按钮，在弹出窗口中修改或输入新的提示词，比如 apple，如右图所示。

新的变体图将以 apple 为主体元素模仿原型图 birthday cake 的构图并生成新变体图。使用新提示词生成的图像受原始图像影响，如右下图所示。

3.2.4 /prefer option可进行偏好设置

/prefer option 有两个选项：/prefer option set 是创建偏好设置，/prefer option list 显示的是所有做过偏好设置的 value 清单，如下图所示。

使用 /prefer option set <option> 能够创建可用于将多个参数快速添加到提示末尾的自定义参数，如下图所示。

将鼠标指针放在"增加 1"的时候就会出现光标，然后单击就会出现 value 填写框，如下图所示。

使用 /prefer option set option mine value --q 2 --ar 7:4 能够创建一个名为"mine"的选项，而"mine"就代表了 --q 2 --ar 7:4，如下图所示。

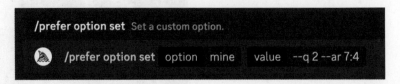

比如：使用 /imagine prompt Vibrant panda --mine，意思就是 /imagine prompt Vibrant panda --q 2 --ar 7:4，如下图所示。

如果在 -- 和 mine 中间留空格（即在 -- 后"value"区域的字段前留空格），就可以删除设定好的 mine 代表的偏好设置（即不使用设定好的 value 偏好设置）。

/prefer option list 列出了我们创建 /prefer option set 的所有选项，如下图所示。用户最多可以有 20 个自定义选项。

 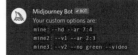

3.2.5　/blend 多张图片融合

输入"/"，选择"blend"，系统会提示你上传两张照片。

使用移动设备时，从硬盘拖放图像或添加照片库中的图像。要添加更多图像，请选择 optional/options 字段并选择 image3、image4 或 image5，如下图所示。

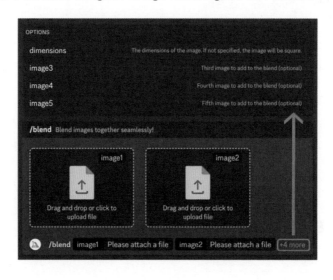

混合图像的默认纵横比为 1:1，但我们可选的尺寸比例除了正方形 (1:1)，还有纵向矩形（2:3）或横向矩形 (3:2) 。

3.2.6 /info 查看账号服务信息

使用 /info 命令可以查看有关当前排队和正在运行的作业、订阅类型、续订日期等信息，如下图所示。

Subscription（订阅）：显示你订阅的计划，以及你的下一次续订日期。

Job Mode（工作模式）：显示你当前处于快速模式还是轻松模式。轻松模式仅针对标准版和专业版订阅者。

Visibility Mode：显示你当前处于公共模式还是隐身模式。隐身模式仅适用于 Pro Plan 订阅者。

Fast Time Remaining（快速 GPU 的剩余时间）：显示当月剩余的快速 GPU 时间。快速 GPU 时间每月重置一次并且不会结转。

Lifetime Usage（终身使用）：显示你一生的中途统计数据。图像包括所有类型的生成，包括初始网格图像、升级、变体、混音等。

Relaxed Usage（轻松使用）：显示你当月的轻松模式使用情况。重度轻松模式用户的排队时间会稍慢。轻松模式使用的量每月都会被重置。

Queued Jobs（排队作业）：列出所有排队运行的作业。最多可以同时排七个作业。

Running Jobs（正在运行的作业）：列出当前正在运行的所有作业。最多可以同时运行三个作业。

3.2.7 /describe 描述图像生成提示词

输入 /describe 命令，这个就是俗称的"图生文"，界面如下图所示。

如何使用这一功能，我们同样通过一个案例来学习：

1. 首先我们要找到自己心仪的效果图，保存到计算机。

2. 对话框输入：/describe 指令，然后按回车键发送，会出现如下图所示的对话框。

3. 在弹出的新界面上添加文件，也就是我们保存好的效果图，上传后按回车键发送，出现如下图所示的界面。

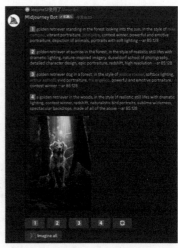

4. 我们可以发现通过这个指令 Midjourney 会根据效果图自动生成了四条提示词（ 1 2 3 4 四个数字分别对应生成的提示词，如果你觉得都不准确，则可以单击重做按钮 重新生成），可以分别单击接近你诉求的提示词对应编号，比如单击序号 1 ，会出现一个可编辑框，如右图所示。

根据需求来调整提示词，因为生成的提示词不包括模型参数，所以可以在后面进行添加。

5. Imagine all 这个按钮是 5.2 版本增加的一键出图功能，直接单击该按钮，就可以一键把上面四条提示词画出来，然后再判断哪个提示更准确，从而找到更适合的提示词。

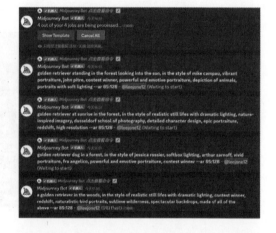

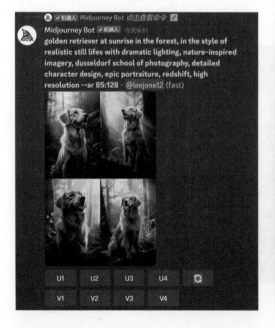

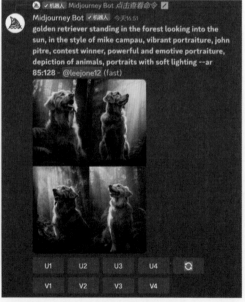

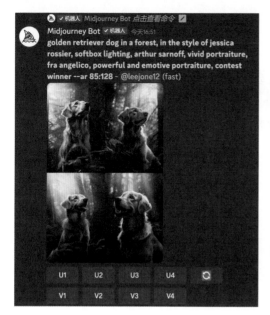 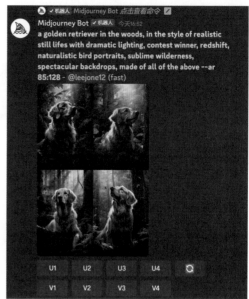

3.3 /imagine prompt提示词出图

/imagine 通过 prompt 提示词来描绘画面的元素，所有我们想象的内容都可以通过转化成对应的提示词来实现出图，提示词越精准就越接近我们的诉求。

3.3.1 提示词的结构组成

prompt 可以由多个提示词组成，一个单词、一个短语、一个句子、一个链接或表情符号都是提示词。Midjourney Bot 通过解释这些提示词来生成图像，它将提示词中的单词和短语分解成较小的片段后与其训练的数据进行比较，然后用于生成图像。

基本 prompt： 可以为一个简单的单词、短语或表情符号，如下图所示。

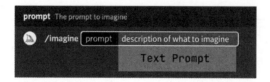

高级 prompt： 可以包括一个或多个图像链接、多个文本短语或单词，以及一个或多个后缀参数，如下图所示。

Image Prompts 为可参考图像的提示词，可以将图像 URL（图片的链接）添加到提示词中以影响最终结果的样式和内容。注意，图像 URL 始终位于提示词的前面。

Text Prompt 为文本描述提示词，即你要生成图像的文本描述。

Parameters 为设定参数，该参数可以改变图像的生成方式，如更改纵横比、模型、放大器等。参数位于提示词的末尾。

3.3.2　提示词的语法顺序

prompt 的提示词长度可以非常短，单个词甚至是表情符号都可以用来生成图像。但是如果提示词过短，生成的图像就会在很大程度上依赖于 Midjourney 的默认样式，不过提示词过长也不见得就特别好。因此根据描述来表达我们所想的提示词才是至关重要的。提示词被描述得越详细，越专注于描述我们想要什么，生成的图像效果就越接近我们所想要的。

下面为一些提示词参考。

主题：人、动物、人物、地点、物体等。

媒介：照片、绘画、插图、雕塑、涂鸦、挂毯等。

环境：室内、室外、月球上、纳尼亚、水下、翡翠城等。

照明：柔和、阴天、霓虹灯、工作室灯等。

颜色：充满活力、柔和、明亮、单色、彩色、黑白等。

情绪：稳重、平静、喧闹、精力充沛等。

构图：人像、爆炸头、特写、鸟瞰图等。

3.3.3　提示词垫图

下面介绍如何用提示词来"垫图"：

1. 上传参考图，单击输入框左侧的"+"按钮，选择上传图片（可选则多改图片上传）。

2. 上传图片之后，右击图片，选择"复制链接"选项。如果在这里没出现"复制链接"选项，则可以把图片打开，然后右击图片，在弹出菜单中选择"复制链接"选项。如果还复制不了，则可以把图片在浏览器中打开，然后复制"图片地址"。图片地址的后缀必须是 .png、.gif 或 .jpg

结尾，不然图片不会生效。

3. 把链接复制到"/imagine"里，可以使用多个链接。切记，复制每一个链接之后，必须空一格，然后再复制第二个链接。

4. 复制完链接之后还不能直接发送，直接发送会报错，"/imagine"跟"/blend"不一样，它不是融合，你可以理解是给 Midjourney Bot 作为参考。然后我们需要在链接后面输入提示词。注意，在链接后面也需要空一格才能生效，然后输入提示词，比如 Adidas sneakers（阿迪达斯某运动鞋系列）。

5. 发送后就会生成类似风格的图片了，如果想要图片按你的想法生成，则要多输入提示词，多尝试出图。

3.3.4 Multi prompts 设置权重

Multi prompts 可以让 Midjourney Bot 用 "::"双冒号作为分隔符来单独考虑两个或多个单独的概念。分隔符允许你为要提示的各个部分分配它们各自的重要性。

在下面的示例中，对于提示词，Midjourney Bot 要生成"hot dog"（热狗）的图像。"hot dog"中的所有单词都被考虑在一起。如果将提示分成两部分，即"hot:: dog"，则将两个概念分开考虑，从而创建出"温暖的狗"的图像。要注意双冒号"::"之间没有空格。

1. 提示词权重

当使用双冒号 "::"将提示词分成不同的部分时，你可以在双冒号后添加一个数字，以分配提示词该部分的相对重要性。在下面的示例中，提示词"hot:: dog"生成了"温暖的狗"图像。将提示词更改为"hot::2 dog"，使"热"一词的重要性为"狗"一词的两倍，从而生成了"非常热的狗"图像。V1、V2、V3 只接受整数作为权重，V4 可以接受权重的小数位，非指定权重默认为 1。

权重归一化，即 hot:: dog 与 hot::1 dog、hot:: dog::1、hot::2 dog::2、hot::100 dog::100 相同，cup::2 cake 与 cup::4 cake::2，cup::100 cake::50 相同，cup:: cake:: illustration 与 cup::1 cake::1 illustration::1、cup::1 cake:: illustration::、cup::2 cake::2 illustration::2 相同。

2. 提示词负权重

我们可以将负权重添加到提示词中以删除不需要的元素，所有权重的总和必须是正数。比如 tulips::red::-.5 和 tulips::2 red::-1、tulips::200 red::-100 相同。

3. 参数 --no

参数 --no 的权重和 "-.5"是一样的，比如 vibrant tulip fields:: red::-.5 与 vibrant tulip fields --no red 相同。

3.3.5 排列式提示词

排列式提示词允许我们使用单个命令快速生成提示词 /imagine 的变体。通过在提示词中的大括号"{}"内包含用逗号","分隔的选项列表，我们可以使用这些选项的不同组合创建多个版本的提示词。涉及 Midjourney prompt 任何部分的组合和排列，包括文本、图像提示、参数或提示词权重。

1. 排列式提示词基础

在大括号"{}"内分隔你的选项列表，以快速创建和处理多个提示变体。提示示例：

/imagine prompt a {red, green, yellow} bird 创建并处理三个作业。

即

/imagine prompt a red bird

/imagine prompt a green bird

/imagine prompt a yellow bird

下面看三个例子：

（1）提示词变化

该提示词 /imagine prompt a naturalist illustration of a {pineapple, blueberry, rambutan, banana} bird 将创建和处理 4 个作业，如下图所示。

菠萝鸟的博物学插图

蓝莓鸟的博物学插图

红毛丹鸟的博物学插图

香蕉鸟的博物学插图

（2）提示词参数变化

该提示词 /imagine prompt a naturalist illustration of a fruit salad bird --ar {1:1, 3:2, 1:2, 2:3} 将创建和处理 4 个具有不同纵横比的作业，如下图所示。

1:1

3:2

1:2   2:3

（3）提示词将使用不同的 Midjourney 模型版本

该提示词/imagine prompt a naturalist illustration of a fruit salad bird --{v 5, niji, v 4}

将创建和处理 3 个不同模型版本的作业，如下图所示。

V 5

niji

V 4

2. 多重和嵌套排列

我们可以在单个提示词中使用多组大括号中的选项。该提示词 /imagine prompt a {red, green} bird in the {jungle, desert} 将创建并处理以下 4 个作业。

/imagine prompt a red bird in the jungle

/imagine prompt a red bird in the desert

/imagine prompt a green bird in the jungle

/imagine prompt a green bird in the desert

也可以在单个提示词中将大括号内的选项集嵌套在其他大括号内。比如该提示词 /imagine prompt A {sculpture, painting} of a {seagull {on a pier, on a beach}, poodle {on a sofa, in a truck}} 将创建并处理以下 8 个作业。

/imagine prompt A sculpture of a seagull on a pier.

/imagine prompt A sculpture of a seagull on a beach.

/imagine prompt A sculpture of a poodle on a sofa.

/imagine prompt A sculpture of a poodle in a truck.

/imagine prompt A painting of a seagull on a pier.

/imagine prompt A painting of a seagull on a beach.

/imagine prompt A painting of a poodle on a sofa.

/imagine prompt A painting of a poodle in a truck.

3. 转义字符

如果你想在大括号内包含一个不作为分隔符的 a（即两个提示词不再是单独的工作，而是被合并在同一个工作中执行了），则可以直接在它前面放置一个反斜杠 "\"。

imagine prompt {red, pastel, yellow} bird 将产生 3 个工作：

/imagine prompt a red bird

/imagine prompt a pastel bird

/imagine prompt a yellow bird

imagine prompt {red, pastel \, yellow} bird 将产生 2 个工作：

/imagine prompt a red bird

/imagine prompt a pastel, yellow bird

小贴士
使用单个排列提示词最多可以创建 40 个作业。

3.3.6 Zoom Out缩小（无限缩放画布功能）

缩小选项是在不改变原始图像内容的情况下，将放大的图像的画布扩展到原始边界之外的一种功能。新扩展的画布将在提示词和原始图像的引导下被填入。

功能按钮如下：

Zoom Out 2× 缩小到 1/2（相当于画布扩展 2 倍）；

Zoom Out 1.5× 缩小到 2/3（相当于画布扩展 1.5 倍）；

Custom Zoom 自定义缩放；

Make Square 制作方图。

举例：通过 /imagine prompt Van Gogh style, sunflowers, idyllic, bright 8k --ar 2:3 提示词来出图，然后选择其中一张，单击"U1"按钮将其放大后作为原始图来进行 Zoom Out 操作，如下图所示。

以下就是原始图通过 Zoom Out 1.5× 和 Zoom Out 2× 变化后的效果，我们可以直观地看到画布的延展。

| 原始图 | Zoom Out 1.5× | Zoom Out 2× |

原始图　　　　　　　　Zoom Out 1.5×　　　　　　Zoom Out 2×

　　我们在通过 Zoom Out 2× 生成图像以后还可以继续使用 Zoom Out 2x，如下图所示。从理论上来讲，画布是可以无限延展的。

继续使用 Zoom Out 2×　　　　继续使用 Zoom Out 2×　　　　继续使用 Zoom Out 2×

　　使用"制作方图"工具 Make Square，你可以调整非正方形图像的纵横比，使其成为正方形。如果原始图像是宽的（横向），则它将被垂直扩展。如果原始图像是高的（纵向），则它将被水平扩展。

　　Make Square 按钮中的标志是指图像将被垂直或水平扩展的方式，如下图所示。

"自定义缩放"按钮 Custom Zoom 可以对选择的图像进行自由缩放。具体操作时，自定义缩放按钮会在放大的图像下弹出一个对话框，允许你在缩小的同时改变提示词及纵横比，或者精确缩小。要改变纵横比，请先设置 --zoom 1（--zoom 可以接受 1~2 的数值）。

下面对之前选择的原始图进行自定义缩放，你可以在这个自定义缩放弹出框中使用 --zoom 来改变纵横比，如右图所示。

1. 使用 --zoom 1 改变 --ar 参数，我们设定的是 --ar 9:16 --zoom 1。和原始图对比发现，--zoom 1 的变化是依据 --ar 参数进行横向或者纵向扩展的。下面按"U1"按钮查看前后对比图。我们可以看到，画面只是进行了纵向扩展，横向内容没有变化，如下图所示。

2. 使用 --zoom 2 改变 --ar 参数，我们设定的是 --ar 9:16 --zoom 2。和原始图对比发现，--zoom 2 的变化是依据 --ar 参数进行横向和纵向扩展的。下面按"U1"按钮查看前后对比图，我们可以看到，画面进行了上下左右整体的扩展，如下图所示。

3. 使用 --zoom 2 不改变 --ar 参数，不修改提示词，增加"birds"。画面扩展 2 倍的同时增加了鸟的元素，如下图所示。

3.3.7　pan平移扩展功能

该功能的主要作用就是从特定角度去扩展一张图片，分别给了左右上下四个方向。下面通过一个案例来详细介绍一下这个功能：

举例：通过 /imagine prompt Van Gogh style, sunflowers, idyllic, bright 8k --ar 2:3 提示词来出图，然后选择其中一张，单击"U2"按钮将其放大后作为原始图来进行 pan 操作，如下图所示。

单击 pan 功能的左扩展按钮 ，图片会向左扩展。可以看到原先的长图扩展成了一张方图，如右图所示。

从理论上来讲，它同样是可以无限扩展下去的，我们来选择一张喜欢的图片再进行扩展，单击"U4"按钮将其放大后作为原始图来进行 pan 操作。我们发现 pan 功能里只剩左右扩展的按钮，上下扩展的按钮没有了，如右图所示。由此得知，进行 pan 操作的时候，每一次扩展都是遵循第一次选的方向进行的，所以我们就看到此时只剩下了左右扩展的按钮。

继续扩展，会生成如右图所示的图片。我们发现生成图片的画面变大了，所以 pan 和 zoom 功能一个大的区别就是，pan 会放大图片的分辨率，而 zoom 是不行的。

看一下生成的图片，发现扩展后出现了一个小问题，那就是有两个太阳。这是因为在扩展的时候还是根据我们一开始给的提示词进行的，所以 pan 就读取到了重复的信息——我们的提示词导致出现了两个太阳。这时我们需要开启 /setting 里面的 Remix mode 按钮，进行提示词编辑来增加一些信息。继续在之前的图片上进行左扩展，你会发现单击左扩展按钮后，屏幕会出现一个对话框来修改提示词。现在增加一个提示词 little boy 看一下扩展结果，你会发现扩展后的图片中出现了一个小男孩，效果如下图所示。

3.4 /imagine提示词后缀参数

/imagine 提示词后缀的基本参数如下：

（1）纵横比 aspect ratios，即 --aspect 或 --ar，表示图片的纵横比。

（2）结果多样性 chaos，即 --chaos <number 0－100> 改变结果的多样性。较高的值会产生更多不寻常和意外的效果。

（3）负面提示 no，即 --no，比如 --no plants 表示会尝试从图像中移除植物。

（4）质量 quality，即 --quality <.25, .5, 1, or 2>，或 --q <.25, .5, 1, or 2>，指要花费多少渲染质量时间。默认值为 1。值越高成本越高，值越低成本越低。

（5）重复 repeat，即 --repeat <1－40>，或 --r <1－40>，从单个提示词中创建多个作业。--repeat 对于多次快速重新运行作业很有用。

（6）种子 seed，即 --seed <integer between 0－4294967295>。Midjourney Bot 使用种子编号创建视觉噪声场，如电视静态，作为生成初始图像的起点。种子编号是为每张图像随机生成的，但可以使用 --seed 或 --sameseed 参数指定。使用相同的种子编号和提示词将产生相似的结束图像。

（7）停止 stop，即 --stop <integer between 10－100>，使用 --stop 参数可在流程中途完成作业。较早停止作业会产生更模糊、更不详细的结果。

（8）风格 style，即 --style <4a, 4b, or 4c> 在 Midjourney V4 的版本之间切换，--style <cute, expressive, or scenic> 在 Niji V5 的版本之间切换。

（9）程式化 stylize，即 --stylize <number> 参数，或 --s <number> 参数，会影响 Midjourney 的默认美学风格应用于作业的强度。

（10）平铺 tile，即 --tile 参数，可生成用重复图块创建无缝图案的图像。

Midjourney 会定期发布新模型版本以提高效率、一致性和质量。不同的模型擅长处理不同类型的图像，模型版本参数如下：

（1）动漫 niji，即 --niji，一种专注于动漫风格的图像模型。

（2）高清 hd，即 --hd，使用早期的替代模型来生成更大、更不一致的图像。该算法适用于抽象和风景图像。

（3）测试 test，即 --test，使用 Midjourney 的特殊测试模型。

（4）测试 p testp，即 --testp，使用 Midjourney 特殊的、以摄影为重点的测试模型。

Midjourney 首先为每个作业生成一个低分辨率的图像选项。你可以在任何图像上使用 Midjourney upscaler 来增加尺寸并添加更多细节。有多种可用于放大图像的放大模型，升频器参数如下：

（1）聚光灯，即 --uplight，按 U 按钮时使用替代的"轻型"升频器。结果更接近原始网格图像。放大后的图像细节更少，更平滑。

（2）乌贝塔，即 --upbeta，按 U 按钮时使用替代的 "beta" 升频器。结果更接近原始网格图像。放大后的图像添加的细节明显更少。

其他仅适用于早期特定的 Midjourney 模型的参数如下：

（1）有创造力的，即 --creative，修改 test 和 testp 模型使其更加多样化且具有创造性。

（2）图像权重，即 --iw，设置相对于文本权重的图像提示词权重。默认值为 --iw 0.25。

（3）相同种子，即 --sameseed，用于创建一个大的随机噪声场，应用于原始网格中的所有图像。当指定 --sameseed 时，原始网格中的所有图像都使用相同的起始噪声，并将生成非常相似的图像。

3.4.1 --ar：纵横比调整图片的比例

--aspect 或 --ar 参数可以更改生成图像的纵横比。它通常表示为用冒号分隔的两个数字，例如 2:3 或 4:3，如下图所示。

正方形图像具有相等的宽度和高度，纵横比被描述为 1:1 。图片可以是 1000px × 1000px 的，或者 1500px × 1500px 的，纵横比都是 1:1。计算机屏幕的比例可能为 16:10，即宽度是高度的 1.6 倍。所以图像可以是 1600px × 1000px的、4000px × 2500px的、320px × 200px 的等，默认纵横比为 16:10。

--ar 参数必须使用整数，即使用 139:100 而不是 1.39:1。纵横比影响生成图像的形状和组成。放大图像时，某些纵横比可能会略有变化。

--ar 参数将接受从 1:1（正方形）到每个图像的最大纵横比的任何纵横比。但是，在图像生成或放大过程中，最终输出可能会略有修改。

小贴士

常见的纵横比：
--aspect 1:1 默认纵横比。
--aspect 5:4 常见的框架和打印比例。
--aspect 3:2 印刷摄影中常见。
--aspect 7:4 接近高清电视屏幕和智能手机屏幕。

如何更改纵横比：添加 --aspect <value>:<value>, 或 --ar <value>:<value> 到 prompt 提示词的末尾（<value> 代表任意数值）。

3.4.2 --chaos：生成结果多样性

　　--chaos 参数影响原始网格图像生成结果的变化程度。较高 --chaos 值将产生更多不寻常和意想不到的结果和组合；较低的 --chaos 值具有更可靠、可重复的结果。--chaos 值的范围为 0~100。--chaos 默认值为 0。--chaos 生成结果如下。

1. 没有 --chaos 值

　　不使用 --chaos 值，将在每次运行作业时生成相似的原始网格图像。提示词示例：/imagineprompt watermelon owl hybrid --c 0，效果如下图所示。

2. 低 --chaos 值

使用较低的 --chaos 值或不指定值，将在每次运行作业时生成略有不同的原始网格图像。

提示词示例：/imagine prompt watermelon owl hybrid --c 10，效果如下图所示。

3. 中 --chaos 值

使用中 --chaos 值，将在每次运行作业时生成略有不同的原始网格图像。提示词示例：
/imagine prompt watermelon owl hybrid --c 25, 效果如下图所示。

4. 高 --chaos 值

使用高 --chaos 值，将在每次运行作业时生成具有更多变化和意外的原始网格图像。提示词示例：/imagine prompt watermelon owl hybrid --c 50, 效果如下图所示。

5. 极高 --chaos 值

使用极高 --chaos 值，将在每次运行作业时生成不同的原始网格图像，并且具有意想不到的构图或艺术媒介。提示词示例：/imagine prompt watermelon owl hybrid --c 80，效果如下图所示。

如何改变 --chaos 值：添加 --chaos <value> 或 --c <value> 到提示词的末尾，我们将 <value> 设定为 50，如下图所示。

3.4.3 --q：Quality图像质量

--quality 参数可以更改生成图像所花费的时间。更高质量的图像需要更长的时间来处理并会产生更多的细节。更高的值还意味着每个作业使用更多的 GPU 时间。质量设置不影响分辨率。

默认 --quality 值为 1，--quality 仅影响原始图像生成，--quality 适用于模型版本 4、5和 niji5。--quality 接受以下值：默认模型的 .25、.5 和 1。较大的值将向下舍为 1。

较低的 --quality 值可能最适合表现抽象的画面。

较高的 --quality 值可以改善对细节要求较高的建筑图像的外观。提示词示例：/imagine prompt woodcut birch forest --q .5。

更高的 --quality 值并不总是更好的。有时较低的 --quality 值可以产生更好的结果——这取决于你尝试创建的图像。

如何使用质量参数：使用 --quality 或 --q 参数，即添加 --quality <value> 或 --q <value> 到提示词的末尾，如下图所示，这里 <value> 被设为 .5。

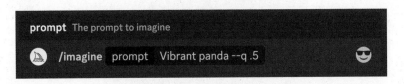

3.4.4 --iw：图像提示权重

使用图像权重参数 --iw 可调整提示词的图像与文本部分的重要性。

--iw 被指定 no 时使用默认值。较高的 --iw 值意味着图像提示词将对完成的作业产生更大的影响。有关提示词各部分之间相对重要性的更多信息，请参阅更多提示词页面 Multi prompts。提示词示例：/imagine prompt flowers.jpg birthday cake --iw .5，效果如下图所示。

--iw .5

--iw .75

--iw 1

--iw 1.5

--iw 1.75

--iw 2

3.4.5　--seed图像种子编号

使用 Midjourney 发送提示词后，Midjourney 原始的图像里会有一个非常模糊的噪点团，然后逐渐变得清晰，而这个噪点团的起点就是"seed"种子编号，其是由每个图像随机生成的，但可以使用 --seed 或 --sameseed 参数指定。使用相同的种子编号和提示词将产生相似的结束图像。

--seed 值的基本属性如下：

--seed 接受整数的范围为 0~4294967295。

--seed 仅影响原始网格图像。

--seed 使用模型版本 1、2、3、test 和 testp 将生成具有相似构图、颜色和细节的图像。

--seed 使用模型版本 4、5、niji 将生成几乎相同的图像。

种子编号不是静态的，不应在不同的任务里使用同一个 --seed 值。如果未指定 --seed 参数，则 Midjourney 将使用随机生成的种子编号，每次使用提示词时都会生成多种选项。

使用随机种子编号运行 3 次的提示词示例：/imagine prompt celadon owl pitcher，效果如下图所示。

使用指定种子编号运行 2 次的提示词示例：/imagine prompt celadon owl pitcher --seed 123，效果如下图所示。

如何查找工作的种子编号：在 Discord 表情符号●中搜索到信封■表情符号并单击，然后在 Discord ■ 中就可以找到工作的种子编号。

使用 /sShow 命令恢复旧作业，要获取过去图像的种子编号，请复制作业 ID 并使用 /show <Job ID #> 具有该 ID 的命令来恢复作业。然后，你可以使用信封■表情符号对新生成的作业做出反应。

如何更改种子编号：使用 --seed 或 --sameseed 参数，添加 --seed <value> 或 --sameseed <value> 到提示词的末尾。假定 <value> 为 12345，如下图所示。

3.4.6　--no：不要或者没有

使用 --no 参数是想告诉 Midjourney Bot 不要在图像中包含哪些内容。

多个单词同时使用 --no 参数可以用逗号分隔开且同时都起作用，比如：--no item1, item2, item3, item4，四个 item 都会被 --no 去掉，举例如下：

如下图所示，通过对比四张图片，我们发现一张图片中花朵的红色被 --no 去掉了，其余的三张图片都是有红色（red）的。

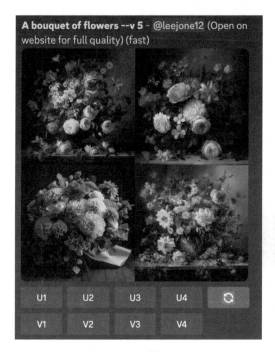

A bouquet of flowers

A bouquet of flowers --no red

A bouquet of flowers don`t add red

A bouquet of flowers without red

Midjourney Bot 会将提示词中的任何单词视为你希望在最终图像中生成的内容。

提示词 A bouquet of flowers without red 或 A bouquet of flowers don't add red 极可能会生成包含红色的图片，因为 Midjourney Bot 不会以人理解的方式解释"没有"或"不"与"红色"之间的关系。

如果我们想要"没有"的结果，则要使用 --no 参数指定不想包含的 item（项目）。

--no 参数的权重和"-.5"是一样的，比如 A bouquet of flowers:: red::-.5 与 A bouquet of flowers --no red 起到的作用是相同的。

如何使用 --no 参数：添加 --no item1, item2, item3 到提示词的末尾，这样生成的图像里就不会出现红色了，如下图所示。

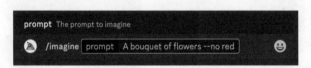

3.4.7　--stop：中途停止，完成作业

使用 --stop 参数在流程中途完成作业，以较小的百分比值停止作业会产生更模糊、更不详细的结果。

--stop 参数的接受值范围为：10~100。默认 --stop 值为 100。--stop 参数在升级时不起作用。

--stop 参数的提示词示例：/imagine prompt splatter art painting of acorns --stop 100，效果如下图所示。

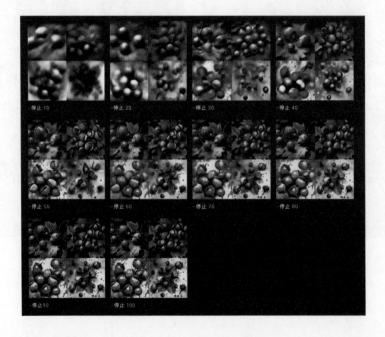

--stop 参数和 Beta Upscaler。放大图像时，该 --stop 参数不会影响作业。但是，停止会产生更柔和、细节更少的原始图像，这将影响最终放大结果的细节水平。放大图像使用了 Beta Upscaler，如右图所示。

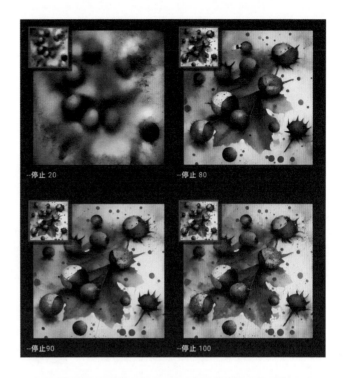

如何使用 stop 命令：使用 --stop 参数，添加 --stop <value> 到提示词的末尾，如右图所示，这里的 <value> 值被设为 90。

3.4.8 --s：stylize风格化

Midjourney Bot 经过训练可以生成有利于色彩、构图和形式的图像。低程式化值生成的图像与提示词非常匹配，但艺术性较差。高程式化值创建的图像非常具有艺术性，但与提示词的联系较少。

--s 的默认值为 100，并且在使用默认 V4 模型时接受 0~1000 的整数值。

不同 Midjourney 版本的模型具有不同的风格化范围。设置用于作业的风格化参数如下：

风格低的参数为 --s 50，风格中的参数为 --s 100，风格高的参数为 --s 250，风格非常高的参数为 --s 750。

通用风格化设置 V5.1 模型的提示词示例：/imagine prompt colorful risograph of a fig --s 100，效果如下图所示。

--s 0

--s 50

--s 100

--s 250

--s 750

--s 1000

如何切换 --s 参数：

1. 可以使用 --s 参数来设定风格化范围：添加 --stylize <value> 或 --s <value> 到提示词的末尾，这里设定 <value> 为 1250，如下图所示。

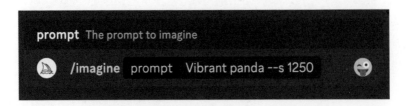

2. 也可以从 /settings 里使用设置命令来调整风格化范围：从 /settings 的菜单中输入并选择你喜欢的风格化值，如下图所示。

3.4.9 --tile：平铺图像

--tile 参数可生成用作重复拼贴的图像，以创建织物、壁纸和纹理的无缝图案，--tile 之后的图像可理解为整张图片中的一格图案（比如一张图片是由同一个图案复制平铺成的），它就像是屋顶的一个瓦片。并且，我们可以用类似无缝模式的工具 pycheung 来查看拼贴重复。

--tile 参数适用于模型版本 1、2、3、test、testp、5 和 5.1、5.2。

--tile 参数只生成一个瓦片。

下面我们来生成一张岩石上的苔藓的图片，使用 Midjourney 模型 5.1，输入 /imagine prompt scribble of moss on rocks --v 5.1 - tile，用 pycheung 来生成图片。如下左图所示就是一张岩石上的苔藓的"瓦片"，如下右图所示就是这个"瓦片"平铺后的图片效果。

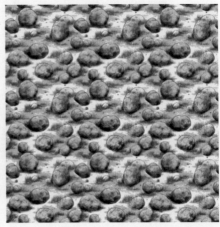

下面我们来生成一张水彩锦鲤的图片，使用 Midjourney 模型 5.1，输入提示词 /imagine prompt watercolor koi --v 5.1 --tile，用 pycheung 来生成图片。如下左图所示就是一张水彩锦鲤的"瓦片"，如下右图所示就是这个"瓦片"平铺后的水彩锦鲤图片效果。

如何使用 --tile 参数：我们可以直接添加 --tile 到提示词的末尾，如下图所示。

3.4.10 --v: Version模型版本

Midjourney 会定期发布新模型版本以提高效率、一致性和质量。版本默认为最新型号，但可以使用 --version 或 --v 参数来选择版本，还可以使用 /settings 命令。不同的模型擅长处理不同类型的图像。

--version 接受值为 1、2、3、4、5 和 5.1、5.2。--version 可以缩写为 --v。

1.Midjourney V5.2 模型

Midjourney V5.2 模型 是本书完稿时最新、最先进的版本，于 2023 年 6 月发布。要使用此模型，请将 --v 5.2 参数添加到提示词末尾，或使用 /settings 命令并选择 MJ Version 5.2。

该模型能够产生更详细、更清晰的图像，具有更好的颜色、对比度和构图。它对提示词的

理解也优于早期的模型，对 --
stylize 参数的全部范围反应更灵
敏。在修复了"--stylize"命令
后，该命令对图像风格化的程度
有很强的影响（更像 V3 模型）。
V5.2 模型效果如右图所示。

2.Midjourney V5.1 模型

Midjourney V5.1 模型
于 2023 年 5 月 4 日发布。要使
用此模型，请将 --v 5.1 参数添加
到提示词末尾，或使用 /settings
命令并选择 MJ Version 5.1。

该模型具有更强的默认美感，
使其更易用于简单的文本提示。
它还具有高连贯性，擅长准确解
释自然语言提示，产生更少的不
需要的伪影和边界，提高了图像
清晰度，并支持高级功能，如平
铺模式"--tile"。效果如右图所示。

3.Midjourney V5 模型

Midjourney V5 模型 `5 MJ version 5` 比默认的 V5.1 模型能产生更多的摄影风格图像。该模型生成的图像与提示词非常匹配，但可能需要更长的提示词才能达到创作者想要的美感。

要使用此模型，请将 --v 5 参数添加到提示词末尾，或使用 /settings 命令并选择 MJ Version 5。效果如右图所示。

4.Midjourney V4 模型

Midjourney V4 模型 `4 MJ version 4` 是 2022 年 11 月至 2023 年 5 月的默认模型。该模型具有当时全新的代码库和全新的 AI 架构，由 Midjourney 设计并在新的 Midjourney AI 超级集群上进行训练。与之前的模型相比，该模型 V4 对生物、地点和物体的了解有所增加。

该模型具有非常高的 Coherency 并且在 Imagine prompts 方面表现出色。效果如右图所示。

5.Niji 模型

Niji 模型是 Midjourney 和 Spellbrush 合作开发的模型，经过调整后，我们可以用其制作动漫和插图风格。该模型具有更多的动漫形象、动漫风格和动漫美学知识。它在动态和动作镜头，以及以角色为中心的构图方面表现出色。效果如右图所示。

要使用此模型，请将 --niji 5 参数添加到提示词末尾，或使用 /settings 命令并选择 Niji version 5 。该模型对参数变化敏感，建议尝试不同的风格化范围来微调你的图像。

Niji Model Version 5 也可以通过 --style 参数微调来实现独特的效果。如尝试 --style cute、--style scenic 或 --style expressive。

如何切换模型：

1.使用版本或测试参数，如将 --v 4、--v 5 、--v 5.1、--v 5.1 --style raw、--v 5.2、--v 5.2 --style raw、--niji 5、--niji 5 --style expressive 、--niji 5 --style cute 或 --niji 5 --style scenic 添加到提示词的末尾。这里我们设置的版本参数是 --v 5.1，如下图所示。

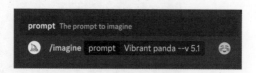

2.使用设置命令，输入 /settings 并从菜单中选择你喜欢的版本，如下图所示。

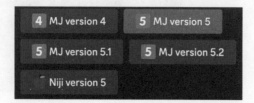

3.4.11 --r：Repeat 多次运行

--repeat 或 --r 参数可以多次运行一个作业。--repeat 可以与其他参数结合使用，例如 --chaos，以加快视觉探索的速度。

--repeat 适用于 Standard 和 Pro 订阅者。--repeat Standard 订阅者接受 2~10 的值。--repeat Pro 订阅者接受 2~40 的值。

--repeat 参数只能在 Fast GPU 模式下使用。使用作业结果上的重做■按钮只会重新运行提示词一次。

3.4.12 --shorten：精简提示词

如何使用 --shorten 来精简提示词，以如下图所示的大量提示词为例。

翻译： 熊猫在竹林里，坐在石头上，开心地吃着竹子，风景秀丽，有山有水，有蝴蝶，天气晴朗，蓝天白云，中国风格，光线柔和，有薄雾，丁达尔光线，焦点锐利，广告片画质，电影照明，明暗对比，富士彩色，全景，透视，大气透视，镜头闪光，f/2.8, 索尼FE GM -- 场景2:3 -- 曝光 50 -- 质量 .5 —ar 9:16

使用 --shorten 后，可以看到没有用的词汇会被横线划掉，并给了五个层级的提示词保留指南，如下图所示。

单击展示细节按钮 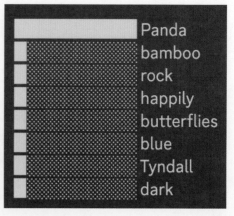 后会出现一个词汇重要性的图表，如下图所示。

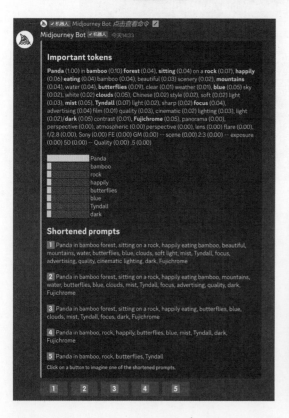

我们来演示一下案例，原始图如下图所示。

1. 输入提示词出图命令 /imagine prompt

提 示 词: Panda in bamboo forest, sitting on a rock, happily eating bamboo, mountains, water, butterflies, blue, clouds, mist, Tyndall, focus, advertising, quality, dark, Fujichrome --v5.2

翻译: 熊猫在竹林中，坐在石头上，快乐地吃着竹子，山，水，蝴蝶，蓝色，云，雾，丁达尔光，焦点，广告，质量，黑暗，富士胶卷。效果如下图所示。

2. 输入提示词出图命令 /imagine prompt

提示词: Panda in bamboo forest, sitting on a rock, happily eating bamboo, beautiful, mountains, water, butterflies, blue, clouds, soft light, mist, Tyndall, focus, advertising, quality, cinematic lighting, dark, Fujichrome --v5.2

翻译: 熊猫在竹林中，坐在石头上，快乐地吃着竹子，美丽，山，水，蝴蝶，蓝色，云，柔和的光线，雾，丁达尔光，焦点，广告，质量，电影般的照明，黑暗，富士胶卷。效果如下图所示。

3. 输入提示词出图命令 /imagine prompt

提示词： Panda in bamboo forest, sitting on a rock, happily eating, butterflies, blue, clouds, mist, Tyndall, focus, dark, Fujichrome --v5.2

翻译： 熊猫在竹林中，坐在石头上，快乐地吃东西，蝴蝶，蓝色，云，雾，丁达尔光，聚焦，黑暗，富士胶卷。效果如下图所示。

4. 输入提示词出图命令 /imagine prompt

提示词： Panda in bamboo, rock, happily, butterflies, blue, mist, Tyndall, dark, Fujichrome --v5.2

翻译： 熊猫在竹子里，岩石，快乐的，蝴蝶，蓝色，雾，丁达尔光，黑暗，富士胶卷。效果如下图所示。

5. 输入提示词出图命令 /imagine prompt

提示词： Panda in bamboo, rock, butterflies, Tyndall--v5.2

翻译： 熊猫在竹子里，岩石，蝴蝶，丁达尔光。效果如下图所示。

3.4.13　--weird：怪诞模式

　　该功能主要是通过实验或者参数探索非常规的美学。这个参数为生成的图像引入了古怪和另类的品质，从而产生独特且意想不到的结果。--weird 参数的建议范围值是 0~1000，最高可设置到 3000。我们可以看一下 --weird 之后的效果，发现画面逐渐"放飞自我"，如下图所示。

| --weird 0 | --weird 500 | --weird 1000 |

　　如果想要 --weird 时保持图片精美的话，则建议同时使用 --stylize 参数，并且把 --weird 参数和 --stylize 参数设置为一样的数值。下面演示一个案例，只设置 --weird 参数和同时设置 --weird 参数和 --stylize 参数的效果，我们发现设置 --stylize 参数的画面精美度是优于不设置的，对比图如下图所示。

小贴士
....

使用 --seed 参数的时候不要用 --weird 参数，因为会影响 --seed 的效果。

第4章
Midjourney多种风格案例实操

下面我们将用实际的案例来进一步讲解用Midjourney出图，本章准备了10个常用案例，可以带你更好地将基础知识融会贯通。为了在实操中有一个很清晰的思路，我们有必要对提示词进行一个结构性的梳理。

CHAPTER

04

提示词的结构如下：

❶ 内容—主题内容：图片的主体及描述性的细节、动作、姿势、方向、情绪等

❷ 氛围—描述：场景、环境、背景、画面等

❸ 风格—风格样式：风格、图片样式、艺术家、视角、镜头、光线等

❹ 质量—超高清、高细节、最佳质量、画质 8k、HD、1080p 等

❺ 命令—限定参数：纵横比 --ar 3:4、种子编号 --seed 123456、版本 --V 5.1、多样性 --chaos 50、图像权重 --iw 等

> **小贴士**
>
> 核心提示词属于优先级，要放在前段，有效提示词可以控制在 30 个左右。尤其是前 10 个提示词的权重非常高。

4.1　控制人物角度

这部分内容详细地叙述了如何控制人像或者物体的角度，通过添加提示词提示，让大家可以轻松地控制人物角度。

常用视角提示词如下：

正视图 front view

后视图 back view

左侧视图 left side view

右侧视图 right side view

3/4 左侧视图 0.75left side view

3/4 右侧视图 0.75right side view

3/4 左后侧视图 0.75left back side view

3/4 右后侧视图 0.75right back side view

在输入框中输入"/"符号，将自动唤醒 Midjourney Bot 的提示，选择"/imagine"（构思），在"prompt"后面输入英文提示词，然后按回车键进行出图。

输入提示词出图指令：

/imagine prompt

提示词： 18-year-old Chinese boy, front view, In the flowers, Smiling, 8k --ar 16:9

翻译： 18 岁的中国男孩，正视图，在花丛中，微笑，8k，纵横比 16:9。效果如下图所示。

提示词： 18-year-old Chinese boy, back view, In the flowers, Smiling, 8k --aspect 16:9

翻译： 18 岁的中国男孩，后视图，在花丛中，微笑，8k，纵横比 16:9。效果如下图所示。

提示词： 18-year-old Chinese boy, left side view, In the flowers, Smiling, 8k --aspect 16:9

翻译： 18 岁的中国男孩，左侧视图，在花丛中，微笑，8k，纵横比 16:9。效果如下图所示，有两张生成图像与提示词内容不同，再次生成的时候可以进一步强调提示词。

提示词： 18-year-old Chinese boy, left side view: : , In the flowers, Smiling, 8k --aspect 16:9

翻译： 18 岁的中国男孩，左侧视图（双冒号强调），在花丛中，微笑，8k，纵横比 16:9。效果如下图所示。

提示词: 18-year-old Chinese boy, right side view, In the flowers, Smiling, 8k --aspect 16:9

翻译: 18 岁的中国男孩，右侧视图，在花丛中，微笑，8k，纵横比 16:9。效果如下图所示。

提示词： 18-year-old Chinese boy, 0.75left side view：：，In the flowers, Smiling, 8k --aspect 16:9

翻译: 18 岁的中国男孩，3/4 左侧视图（双冒号强调），在花丛中，微笑，8k，纵横比 16:9。效果如下图所示。

当输入 Midjourney 的提示词指令后出现的画面和你想要的不一样时，可以通过多次生成以达到你想要的效果。如果生成的角度没有按照你的提示词指令来呈现，可以使用强调提示词的方式，比如在提示词后面加双冒号"：："或者用 --seed 参数来微调上一次生成的画面。使用 --no<value> 可以实现不要出现什么，比如 --no flower，则不会出现花。

4.2 3D等距图形的图像生成

等距图形是指绘制物体时每一边的长度都按出图比例缩放，而物体上所有平行线在绘制时仍保持平行的一种显示方法。最早它出现在计算机应用程序的图像，以及早期的 8 位元电子游戏，近几年来被广泛使用，比如 icon、界面、启动页、插画、游戏、动画视频等。

等距图形在以前需要用三维软件来制作，难倒了很多人，本节就教大家如何一键轻松搞定等距图形。

2.5D 等距核心提示词：isometric

常规 3D 风格提示词：ultra-sharp，3d-art octane，c4d

在输入框中输入"/"符号，将自动唤醒 Midjourney Bot 的提示，选择"/imagine"（构思），在"prompt"后面输入英文提示词，然后按回车键进行出图。

输入提示词出图指令：

/imagine prompt

提示词： isometric，living，lowpoly，axonometric，natural lighting，soft colours，ultra-sharp，3d-art octane，c4d。

翻译： 等距，生动的，低多边形，轴测，自然采光，柔和的颜色，超锐，3D 艺术渲染，c4d。效果如下图所示。

提示词： Chinatown, isometric, ultra-sharp，3d-art octane，c4d，8k。

翻译： 唐人街，等距，超锐，3D 艺术渲染，c4d，8k。效果如下图所示。

4.3 毛毡风格的图像生成

毛毡风格是当下比较流行的一种视觉风格，粗糙的手工质感增加了温暖的感受和内心的舒适。在这种风格的微观世界中，很容易唤醒人们内心的童真和对生活的热爱。

毛毡核心提示词：Wool felt

其他辅助提示词：Surreal details 超真实细节，Soft focus 柔焦，Shift axis 移轴，Large aperture 大光圈，Volume light 体积光，Q ver sion Q 版，in focus 聚焦

在输入框中输入"/"符号，将自动唤醒 Midjourney Bot 的提示，选择"/imagine"（构思），在"prompt"后面输入英文提示词，然后按回车键进行作图。

输入提示词出图指令：

/imagine prompt

提示词: Wool felt microcosm, Flower, Juvenile, Bicycle, Ultra-realistic details, Soft focus, Q version, Moving axis lens, Super lighting, Focus, 100 mm macro, Large aperture, Bright color, 8k --ar 3:4

翻译: 羊毛毡微观世界，花朵，少年，自行车，超真实的细节，柔焦，Q 版，移轴镜头，超级照明，聚焦，100 毫米微距，大光圈，亮色，8k，纵横比 3:4。效果如下图所示。

(小贴士)

如果想要保持画面风格的一致性和系列性，则可以采用垫图的方式来生成其他画面（具体方法参照 3.3.3 节提示词垫图）。操作方法如下：
单击输入框左侧的"+"按钮，选择上传图片，每一个上传后的图片都会有一个专属的图片链接（把鼠标光标停留在图片上右击，在弹出菜单中选择"复制链接"选项），把这个链接直接粘贴到 prompt 提示词最开始就可以完成垫图，也可以直接拉动图片到 prompt 处生成链接。

提示词: https://s.mj.run/YVK4qDvyGYc Wool felt microcosm, A dentist., Nurse, medical apparatus, Room, Ultra-realistic details, Soft focus, Q version, Moving axis lens, Super lighting, Focus, 100 mm macro, Large aperture, Bright color, 8k --ar 3:4

翻译: 垫图图片链接,羊毛毡微观世界,牙科医生,护士,医疗器械,房间,超真实的细节,柔焦,Q版,移轴镜头,超级照明,聚焦,100毫米微距,大光圈,亮色,8k,纵横比3:4。效果如下图所示。

4.4　niji·journey 模式

niji·journey 可以认为是 Midjourney 针对动漫画风的加强版，支持英文、日文、韩文和中文四种语言。

niji·journey 目前有以下五种模式：

Default style 新版的二次元风格模式：我们可以理解其是 Cute Style 和 Expres Sivestyle 的中间模式，它有明暗交界线和统一光影的形式，更细腻唯美。偏日漫。

Expressive style 表现力风格模式：适用于人体表情或动态，画面构图具有很强的张力，背景相对简单，更具质感。人物五官精致立体，表情更加丰富，偏向于韩漫欧美风。适合 3d 建模。

Cute style 可爱风格模式：风格可爱童稚，画面更加柔和，适合低龄绘本创作。

Scenic style 场景风格模式：吸取了以上三种风格各自的优点，角色不仅在背景中，而且与所处的世界互动，有电影灯光的效果，氛围感十足,适合描绘生成具有电影感的画面。偏厚涂风，CG 感比较强。

Original style 原创风格模式：更能还原提示词风格。

如何使用 niji·journey Bot：

1. 加入 niji·journey 服务器。

2. 添加 niji·journey Bot 小绿船（和添加 Midjourney Bot 方法一样）。

3. 选择 niji·journey 模式，如下图，然后再输入提示词 prompt 生成结果。

下面来测试一下这五种模式：

测试 1.Default style 模式

在输入框中输入"/"符号，将自动唤醒
Midjourney Bot 的提示，选择"/imagine"（构思），
在"prompt"后面输入英文提示词，然后按回
车键进行作图。

输入提示词出图指令：

/imagine prompt

提示词： Panda,Sunflower, Pastoral,Ultra
high definition,Aspect ratio 2:3--v 5.1。

翻译： 熊猫，向日葵，田园风光，超高清，
纵横比 2:3，版本 5.1。效果如下图所示。

测试 2.Expressive style 模式

在输入框中输入"/"符号，将自动唤醒 Midjourney Bot 的 提 示，选 择"/imagine"（构思），在"prompt"后面输入英文提示词，然后按回车键进行出图。

输入提示词出图指令：

/imagine prompt

提示词： Panda,Sunflower, Pastoral,Ultra high definition,Aspect ratio 2:3--v 5.1 --style expressive。

翻译： 熊猫，向日葵，田园风光，超高清，纵横比 2:3，版本 5.1，表现力风格模式。效果如下图所示。

测试 3.Cute style 模式

在输入框中输入"/"符号，将自动
唤醒 Midjourney Bot 的提示，选择"/
imagine"（构思），在"prompt"后面输入
英文提示词，然后按回车键进行出图。

输入提示词出图指令：

/imagine prompt

提示词: Panda,Sunflower, Pastoral,Ultra
high definition,Aspect ratio 2:3--v 5.1
--style cute。

翻译: 熊猫，向日葵，田园风光，超高清，
纵横比 2:3，版本 5.1，可爱风格模式。效果
如下图所示。

测试 4.Original style 原创模式

在输入框中输入"/"符号,将自动唤醒 Midjourney Bot 的提示,选择"/imagine"(构思),在"prompt"后面输入英文提示词,然后按回车键进行出图。

输入提示词出图指令:

/imagine prompt

提示词: Panda,Sunflower, Pastoral,Ultra high definition,Aspect ratio 2:3--v 5.1 --style original 。

翻译: 熊猫,向日葵,田园风光,超高清,纵横比 2:3,版本 5.1,原创风格模式。效果如下图所示。

测试 5.Scenic style 模式

在输入框中输入"/"符号，将自动唤醒 Midjourney Bot 的提示，选择"/imagine"（构思），在"prompt"后面输入英文提示词，然后按回车键进行出图.

输入提示词出图指令：

/imagine prompt

提示词: Panda,Sunflower, Pastoral,Ultra high definition,Aspect ratio 2:3--v 5.1 --style scenic。

翻译: 熊猫，向日葵，田园风光，超高清，纵横比 2:3，版本 5.1，场景风格模式。效果如下图所示。

以上是提示词中只描述了画面出现元素的情况下 niji journey 五种模式的图像表现。现在我们在提示词中限定风格，再看一下这几种模式的效果怎么样。

限定风格：Oil painting style 油画风格

测试 1.Default style 模式

在输入框中输入"/"符号，将自动唤醒 Midjourney Bot 的提示，选择"/imagine"（构思），在"prompt"后面输入英文提示词，然后按回车键进行出图。

输入提示词出图指令：

/imagine prompt

提示词： Panda,Sunflower, Pastoral,Oil painting style,Ultra high definition,Aspect ratio 2:3--v 5.1 。

翻译： 熊猫，向日葵，田园，油画风格，超高清，纵横比 2:3，版本 5.1。效果如下图所示。

测试 2.Expressive style 模式

在 输 入 框 中 输 入 "/" 符 号 ，将 自 动
唤 醒 Midjourney Bot 的 提 示 词，选 择 "/
imagine"（构思），在 "prompt" 后面输入
英文提示词，然后按回车键进行出图。

输入提示词出图指令：

/imagine prompt

提示词：Panda,Sunflower, Pastoral,Oil
painting style,Ultra high definition,Aspect
ratio 2:3--v 5.1 --style expressive。

翻译：熊猫，向日葵，田园，油画风格，
超高清，纵横比 2:3，版本 5.1，表现力风格
模式。效果如下图所示。

测试 3.Cute style 模式

在输入框中输入"/"符号，将自动
唤醒 Midjourney Bot 的提示，选择"/
imagine"（构思），在"prompt"后面输入
英文提示词，然后按回车键进行出图。

输入提示词出图指令：

/imagine prompt

提示词: Panda,Sunflower, Pastoral,Oil
painting style,Ultra high definition,Aspect
ratio 2:3--v 5.1 --style cute。

翻译: 熊猫，向日葵，田园，油画风格，
超高清，纵横比 2:3，版本 5.1，可爱风格模式。
效果如下图所示。

测试 4.Scenic style 模式

在输入框中输入"/"符号，将自动唤醒 Midjourney Bot 的提示，选择"/imagine"（构思），在"prompt"后面输入英文提示词，然后按回车键进行出图。

输入提示词出图指令：

/imagine prompt

提示词： Panda,Sunflower, Pastoral,Oil painting style,Ultra high definition,Aspect ratio 2:3--v 5.1 --style scenic。

翻译： 熊猫，向日葵，田园，油画风格，超高清，纵横比2:3，版本5.1，场景风格模式。效果如下图所示。

测试 5.Original style 模式

在输入框中输入"/"符号，将自动唤醒 Midjourney Bot 的提示，选择"/imagine"（构思），在"prompt"后面输入英文提示词，然后按回车键进行出图。

输入提示词出图指令：

/imagine prompt

提示词：Panda,Sunflower, Pastoral,Oil painting style,Ultra high definition,Aspect ratio 2:3--v 5.1 --style original。

翻译：熊猫，向日葵，田园，油画风格，超高清，纵横比2:3，版本5.1，原创风格模式。效果如下图所示。

4.5 IP形象三视图制作

我们在进行 IP 形象设计的时候通常要做出三视图，即正面视角、侧面视角、背面视角，使得 IP 形象有一个更加立体的呈现。从而帮助设计师或创作者更好地理解和展示所创作的形象。

三视图提示词：three-view drawing generate three views, namely the front view the side view and the back view（这段文字必须放在提示词最开始，以提高权重）。

其他提示词：full body 全身展示。

去除分割线技巧的提示词：--no dividing line。

在输入框中输入"/"符号，将自动唤醒 Midjourney Bot 的提示，选择"/imagine"（构思），在"prompt"后面输入英文提示词，然后按回车键进行出图。

输入提示词出图指令：

/imagine prompt

提示词： three-view drawing generate three views, namely the front view the side view and the back view, full body, A handsome little boy, Sneakers, Baseball cap, Smile, Lovely, Pixar style, A clean background, cinematic lighting, UHD, 8k, high quality --aspect 3:2 --quality .5 --stylize 500 --no dividing --v 5.1。

翻译： 三视图出图生成三个视图，前视图、侧视图、后视图，全身，帅气的小男孩，运动鞋，棒球帽，微笑，可爱，皮克斯风格，干净的背景，电影光效，超高清，8k，高质量，纵横比 3:2，质量 .5，风格化 500，去除分割线，版本 5.1。效果如下图所示。

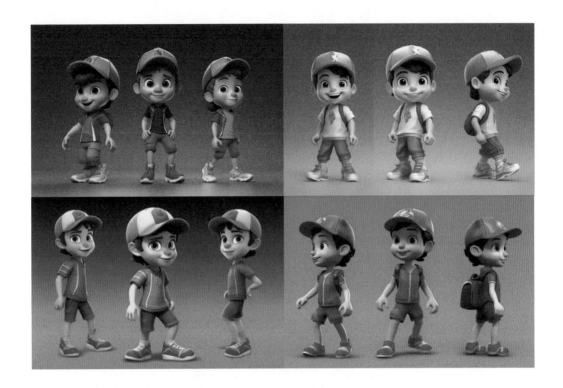

4.6 AI人物换装

在一些商业的应用中常需要进行虚拟模特的试装展示,由于使用真人模特的成本极高,AI能够很好地解决降低成本的商业需求。

第一步:在输入框中输入"/"符号,将自动唤醒 Midjourney Bot 的提示,选择"/imagine"(构思),在"prompt"后面输入英文提示词,然后按回车键进行出图。

输入提示词出图指令:

/imagine prompt

提示词: Professional wear for women, Long skirt, Fresh natural, high detail, cinematic lighting, UHD, 8k --aspect 2:3 --v 5.1。

翻译: 女性职业装,长裙,清新自然,高细节,电影级照明,UHD,8K,纵横比 2:3,版本 5.1。效果如下图所示。

第二步：找一张衣服的图片，在 Photoshop 软件先进行抠图，然后将其贴在人物的身上，最后保存这张图片。如下图所示。

第三步：在 Midjourney 里面的 /describe 上传图片，获取图片地址。

第四步：在 /imagine prompt 输入获取的链接和之前的提示词指令。效果如右图所示。

第五步：从生成的图片里面选择和原图相似的图片，然后保存即可。效果如右图所示。

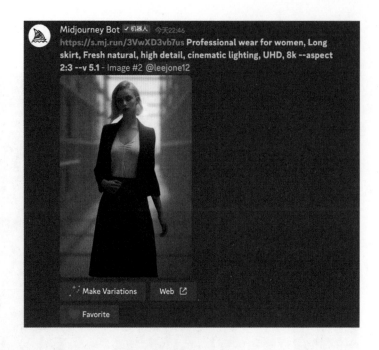

4.7 AI人物换脸

本案例将利用 Midjourney 和 InsightFaceSwap 机器人协作的方式进行换脸设计。InsightFaceSwap 是一个开源的 2D&3D 深度人脸分析工具箱，通过加入 InsightFaceSwap 机器人来帮助我们分析人脸信息，进而实现换脸。

InsightFaceSwap 的命令如下图所示。

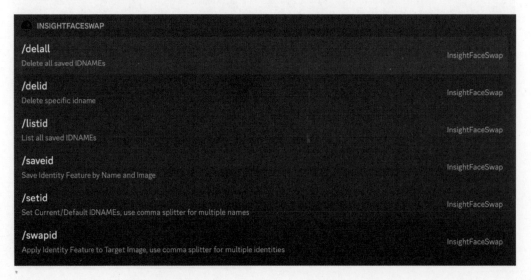

/delall 删除所有图片

/delid 删除特定的 id 名称

/listid 查看所有的名称

/saveid 存储你自己或者你需要使用的人脸，你需要给他起个名字

/setid 设置默认的人脸，这样可以通过右键快速生成

/swapid 上传需要被换脸的图片

操作方法如下：

1. 参考 Midjourney 教程，注册 Discord，创建新的聊天室，并且邀请 Midjourney Bot 到该聊天室。

2. 邀请 InsightFaceSwap Bot 到该聊天室。顺利的话，现在你会在聊天室的右侧看到如下图所示的列表。

3. 输入命令 /saveid ABCD <上传照片>。这里"ABCD"是注册的 ID 名称，其要求为任意 8 位以内的英文字符和数字。

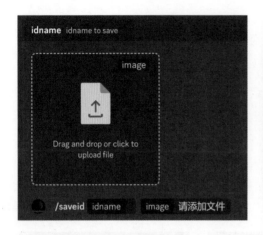 

4. 保存成功后，新建立的 ID 名称会被自动当作默认 ID。如果出现如右图所示的提示，则说明已经保存成功。

5. 通过 Midjourney 来生成一张人物照片，并选择其中一张放大。

 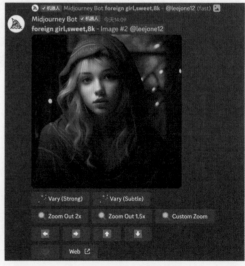

6. 输入 /swapid，再输入刚注册的 ID 名"ABCDE"，然后上传刚刚放大的照片，按回车键进行生成，如下图所示。

7. 几秒内就可以换脸成功，生成换脸后的照片，效果如右图所示。

使用 InsightFaceSwap 的其他注意事项：

1. 可以使用 /listid 来列出目前注册的所有 ID。注册 ID 总数不能超过 10 个。也可以用 /delid 和 /delall 命令来删除 ID。

2. 注册的 ID 名称只能用英文和数字，且不能超过 8 个字符。

3. 可输入多个 idname，用逗号分割，用来实现多个人脸替换的效果。例如 /setid Lily,lucy,Tom,Bill。

4. 可以通过重新上传相同的 ID 名称来覆盖旧的 ID 人脸。

5. 上传的 ID 照片尽量保证清晰、正脸、无遮挡。

6. 不建议上传戴眼镜的照片，以及美颜磨皮失去面部肌理的照片。

7. 每个 Discord 账号每天可以执行 50 次命令。

8. 避免涉及肖像权问题，请一定切记仅供自己娱乐学习使用。

4.8　AI卡通头像制作

时下自媒体等社交工具不计其数，在很多场合头像都承担了重要的社交作用，所以便用什么头像几乎是互联网时代每个人都在思考的一个问题。

制作卡通头像的操作方法如下：

1. 准备垫图，选择纯色干净的照片背景，五官轮廓鲜明，特点突出，光线好。可以选择你拍得不错的免冠照片。

2. 可选择尺寸比例为 1:1 的方图，亦可选择 2:1、3:2 等其他比例。

3. 开始给 Midjourney 垫图，双击"+"按钮，单击要上传的照片。

4./imagine 添加提示词：先输入链接（直接拖动上传的图片即可生成链接），输入链接后加空格，开始填写提示词，根据生成的图片效果对提示词进行调整，多次调整后找到合适的图片单击"U"按钮放大图片，然后保存，这样就生成了一张卡通头像。

/imagine prompt

提示词： Pixar style，An 18-year-old handsome Chinese boy, bust，Upper body，Short hair, White background, UHD, textured skin, best quality, high quality, 8k --aspect 1:1 --quality .5 --v 5.1

翻译： 皮克斯风格，18岁帅气中国男孩，半身像，上半身，短发，白色背景，超高清，质感皮肤，高质量，8K，纵横比 1:1，质量 .5，5.1 版本。如下图所示。

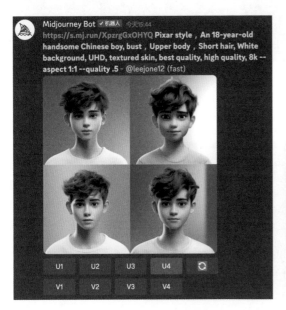 

如果不想要白色背景，而是想要有一些场景的话，我们可以继续进行下列步骤。

1. 通过提示词来生成场景图片。

/imagine prompt

提示词： Pixar style，Full-body photo，An 18-year-old handsome Chinese boy in street view，Short hair，UHD, textured skin, best quality, high quality, 3Drenderoc render, best quality,brightfront lightingFace shotfine luster, 8k，high details --aspect 2:3 --quality .5 --v 5.1

翻译： 皮克斯风格,全身照,街景中的 18 岁帅气中国男孩,短发,UHD,皮肤纹理,最佳质量,高质量，3D 渲染，最佳质量，明亮的前置光源面部拍摄精细光泽，8K，高细节，纵横比 2:3,质量 .5，5.1 版本。如下图所示。

2. 选择自己喜欢的场景图后，通过 /blend 来合成两张图片，如下图所示。

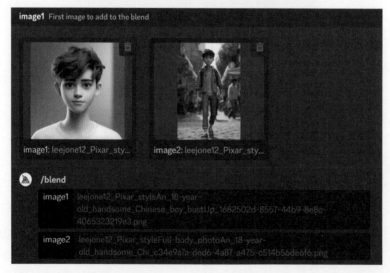

3. 按下回车键后生成图片，效果如右图所示。

4. 如果生成的图片和你想要的有差距，则可以继续添加提示词来限定，以达到你所想要的效果，如下图所示。

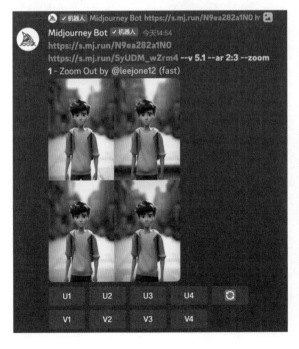

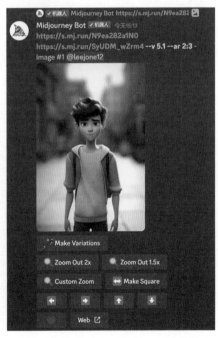

5. 如果觉得背景的场景不够大，则可以选择 Midjourney 5.2 版本的 Zoom Out 功能，如下图所示。

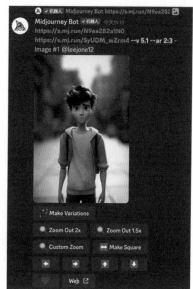

6. 回到画面中，你可以看到图片下方有四个按钮，如右图所示。

四个按钮分别是：Zoom Out 2x 扩展 2 倍，Zoom Out 1.5x 扩展 1.5 倍，Custom Zoom 自定义扩展，Make Square 扩展成方图。我们通过单击不同的按钮来看一下生成的内容，效果如下图所示。

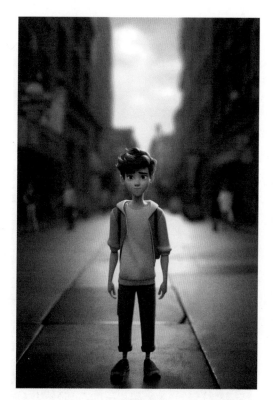

扩展 2 倍

扩展 1.5 倍

扩展成方图

　　以上生成的图像是可以无限扩展的，我们在上面扩展 2 倍的图像上再进行扩展 2 倍，多次扩展后的组图效果如下图所示。

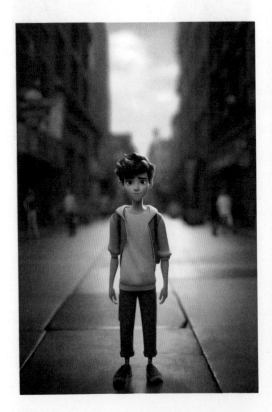

　　以上是分别进行了 1 次、2 次、3 次扩展 2 倍生成的图像。从理论上来说 v5.2 模型
的扩展功能是可以无限扩展的，我们可以根据自己的实际需求来进行图像生成。

4.9 AI微观世界制作

在摄影和视频创作中经常有需要拍摄微观或近距离的主题，创作者会特意构建一个小型的场景和环境，这样可以有更多的掌控空间和创意空间，能够更好地捕捉和表现微小主题的细节和特点。

微观制作常用的提示词如下：

A lot of tiny little people 很多小人

Miniature 微缩世界

Story nature 故事性

isometric 等距透视

Clay 粘土

Felt 毛毡

hyper- realistic 超写实

cinematic lighting 电影灯光

tilt-shift 倾斜位移 / 移轴摄影

bird`s-eye view 鸟瞰

macro photography 微距摄影

clay freeze frame animation 黏土定格动画

Tatsuya Tanaka style 田中达也风格

/image prompt

提示词： Miniature statues，French fries are scattered，Lots of potatoes，Tractors，Macro distance，The style of fashion photography，Background light，UHD, 8k --v 5.1。

翻译： 微型雕像，散落的薯条，大量土豆，拖拉机，微距，时尚摄影风格，背景光，UHD, 8k。5.1 版本，效果如下图所示。

小贴士

经过多次测试，A lot of tiny little people 和 miniature
这两个提示词必须出现一个或者两个都出现才能得
到想要的效果。

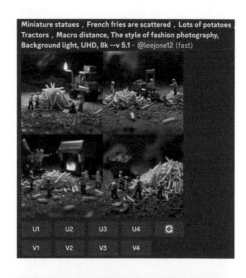

以上生成的图片较为死板，人物和薯条之间大部分缺少互动，我们增加一个提示词：There is a storyline（有故事情节）。再看一下画面的变化，如下图所示。

对两次生成的结果进行一下对比，如右图所示。

没有增加故事线提示词

增加了故事线提示词以后，画面中人物和主体之间的互动不再是单纯地围观，而是有了一定的故事性，画面看起来更加生动有趣。

增加了故事线提示词

4.10   AI美食摄影

以 AI 来呈现各色美食应该是 Midjourney 模型研发中一个很重要的功课。世界各地美食都有它独特的气质，如何将所有食物表现得精准，这确实是一个难题。食物摄影作为离我们生活最近的一种视觉呈现，笔者将其作为最后一个案例和大家分享。用 Midjourney 进行美食摄影创作的优缺点都非常明显，在场景氛围上它可以表现得游刃有余，但是在食物质感、造型等表达上，Midjourney 的研发之路依然任重道远。

美食图像常用的提示词如下：

Food photography 美食摄影

studio lighting 专业摄影

close-up view 近景

medium long shot 中远景

medium shot 远景

medium close-up 中特写

top-down view 俯视景

award- winner photogaaphy 获奖照片

glibatree style 光影效果

delicious food 可口的食物

Michelin star 米其林星级

mouthwatering and enticing presentation 令人垂涎和诱人的呈现

shallow depth of field 浅景深

Solid color isolated platform 纯色孤立平台

制作方法的提示词如下：

boil 煮，fry 煎，stir-fry 炒，chop 剁 ，deep-fry 炸，braise 炖，broil 烤，steam 蒸，bake 烘焙，grill 烧烤，cook 烧，poach 炖

菜系描述的提示词如下：

Shandong Cuisine 鲁菜，Sichuan Cuisine 川菜，Guangdong Cuisine 粤菜， Fujian Cuisine 闽菜，Jiangsu Cuisine 江苏菜，Zhejiang Cuisine 浙江菜，Hunan Cuisine 湘菜，Anhui Cuisine 徽菜

摄影设备的提示词如下:

Digital camera 数码相机

DSLR camera 单反相机

Medium format camera 中画幅相机

Mirrorless camera 微单相机

Phone camera 手机相机

Polaroid camera 拍立得相机

Epson camera 爱普生相机

Leica camera 莱卡相机

Nikon camera 尼康相机

Canon camera 佳能相机

Sony camera 索尼相机

Fujifilm camera 富士相机

Hasselblad camera 哈苏相机

提示词思路:1.美食名称,2.装饰和摆盘,3.光线和曝光,4.颜色和饱和度,5.质感和形状,6.拍摄角度和视角,7.焦距和景深,8.背景和环境,9.地域和文化,10.细节和纹理,11.布局和构图,12.氛围和情感,13.机器设备型号。

/image prompt

提示词: Five-star hotel, Gourmet photography, Bright light, Lanzhou beef ramen, Thick soup, Morning, The morning light, Non-greasy, Wooden windows, Simple and atmospheric, The sun shines in, High saturation, Mouth-watering, Great depth of field, Alone, The light is soft, Canon 5D4, 100mm macro lens, Aperture 2.8, iso100, Movie light, High detail, 8k --ar 2:3 --q 2 --s 500

翻译: 五星级酒店,美食摄影,明亮的光线,兰州牛肉拉面,浓汤,早晨,晨光,不油腻,木窗,简单大气,阳光照进来,高饱和度,令人垂涎,大景深,独自一人,光线柔和,佳能5D4,100mm微距镜头,光圈2.8,iso100,电影灯光,高细节,8k,纵横比2:3,质量2,风格化500。效果如下图所示。

可以从以上生成的四张
图片中选择与我们想法接近
的一张，并继续进行优化。
比如选择第三张，单击"U3"
按钮将其放大，然后分别单
击强变化"Vary（Strong）"
按钮和微小变化"Vary
（Subtle）"按钮看一下效果。

Vary（Subtle）的效果
如下图所示。

Vary（Strong）的效果如下图所示。

以上就是优化后的图片。选择你喜欢的图片并单击"U"按钮后进行保存。

下面是笔者第一次输入提示词后生成的图片。

在输入框中输入"/"符号，将自动唤醒 Midjourney Bot 的提示，选择"/imagine"（构思），在"prompt"后面输入英文提示词，然后按回车键进行出图。

输入提示词出图指令：

/imagine prompt

提示词： Gourmet photography, Beef noodles, Chinese plating, Soft light, High saturation, Chinese atmosphere, Mouth-watering, Shallow depth of field, One person eats, Late night canteen, Canon 5D4, 100mm macro lens, Aperture 2.8, iso100, Movie light, High detail, 8k --ar 2:3 --q 2 --s 500

翻译： 美食摄影，牛肉面，中式拼盘，柔和的光线，高饱和度，中国风情，令人垂涎欲滴，浅景深，一人食，深夜食堂，佳能 5D4, 100mm 微距镜头，光圈 2.8, iso100, 电影光线，高细节，8k，纵横比 2:3，质量 2，风格化 500。效果如下图所示。

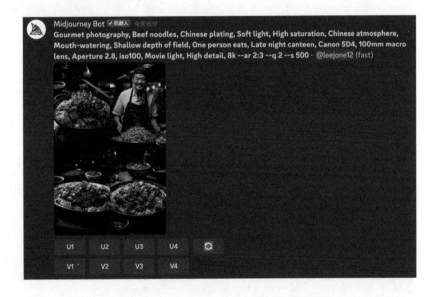

相由心生：5小时学会Midjourney AI出图

对比一下第一次生成的图片和最终觉得满意的图片之间的差别，如下图所示。

如果优化后的图片还不如原片，则留下原片即可。Midjourney 生成食物摄影图片的难度较大，涉及的精准化提示词较多，需要不停地去试验，通过提示词的描述来找到符合我们要求的画面。

Midjourney提示词精要

CHAPTER 05

5.1 构图形式提示词

对称构图 Symmetrical composition

不对称构图 Asymmetric composition

平衡构图 Balanced composition

负空间构图 Negative space composition

正空间构图 Positive space composition

透视 Perspective

地平线 Horizon line

对角线构图 Diagonal lines

黄金分割构图 Golden section composition

消失点 Vanishing point

三分法构图 Rule of thirds composition

横向构图 Horizontalcomposition

非线性构图 Nonlinear composition

饱和构图 Saturated composition

剪影构图 Cut out composition

重复构图 Repetitive composition

焦点构图 Focalcomposition

对比构图 Contrast composition

孤立构图 Isolated composition

径向构图 Radial composition

曼荼罗构图 Mandala

S 形构图 S-shape composition

5.2 镜头视角提示词

镜头光晕 lens flare

过曝 overexposure

背景散焦 back ground dofoaus

焦散 caustics

衍射十字星 diffraction spikes

正前缩距透视法 foreshortening,

集中线 emphasis lines

微距照片 macro photo

360 度视角 360 view

光圈 f/1.2

光圈 f/1.8

光圈 f/2.8

光圈 f/4.0

光圈 f/16

焦距 35mm, 85mm, 135mm

尼康 Nikon

佳能 Canon

富士 Fujifilm

哈苏 Hasselblad

索尼镜头 Sony FE

索尼大师镜头 Sony FE GM

远景镜头 Long shot

大远景镜头 Extra long shot

中远景镜头 Medium long shot

中景镜头 Medium shot

中特写镜头 Medium close-up shot

特写镜头 Close-up shot

超特写镜头 Extreme close-up shot

全景镜头 Full shot

鱼眼镜头 Fisheye lens

广角镜头 Wide-angle lens

超广角 Ultra-Wide Angle

脸部特写镜头 Face close-up shot

大特写镜头 Detail Shot

眼位镜头 Eye lens

正俯视镜头 Top down shot

正面镜头 Frontal shot

鸟瞰镜头 Aerial shot

俯瞰镜头 Overhead shot

宽景镜头 Wide shot

主观视角镜头 POV shot

背景虚化 Bokeh

倾斜镜头 Dutch angle

开场镜头 Establishing shot

仰视镜头 Low-angle shot

俯视镜头 High-angle shot

运动相机镜头 GoPro shot

手绘背景镜头 Matte shot

反转角度 Reverse angle

人眼视角 Eye-Level Shot

卫星鸟瞰 satellite image

鸟瞰图 A bird's-eye view/aerial view

顶视 Top view

移轴效果 tilt-shift

卫星视图 satellite view

仰视 Bottom view

前侧后视图 front side rear view

产品视角 product view

特写视角 closeup view

太空视角 outer space view

第一人称视角 first-person view

等距视图 isometric view

相机俯视视角 camera view from above

高角度视图 high angle view

微视图 microscopic view

5.3 光线提示词

边缘灯 rim lights

全局照明 global illuminations

暗黑的 moody

鲜艳的浅色的 Happy

黑暗的 dark

黄昏射线 Crepuscular Ray

电影灯 cinematic lighting

戏剧灯光 Dramatic lighting

伦勃朗照明 Rembrandt Lighting

分体照明 Split Lighting

明亮的 bright

微光 / 晨光 rays of shimmering light/morning light

外太空光 outer space light

童话灯光 Fairy light

发光电子管 Nixie Tube

后启示录 / 末日后 post-apocdlyptic

双性照明 bisexual lighting

前灯 front lighting

背光照明 Back lighting

化学放射 Glowing Radioactivity

霓虹灯冷光 Neon cold lighting

照明特效 Darkmoody lighting

闪耀的霓虹灯 shimmering neon lights

黑暗中的影子 shadows in the dark

照亮城市的月光 moonlight illuminating the city

强烈的阳光 strong sunlight

熠熠生辉的霓虹灯 glittering neon lights

黑暗中的神秘影子 mysterious shadows in the dark

反光 reflection light

映射光 mapping light

情绪光 mood lighting

氛围感光 atmospheric lighting

体积照明 volumetric lighting

柔和的照明 / 柔光 Soft illumination/soft lights

荧光灯 fluorescent lighting

冷光 Cold light

暖光 Warm light

强光 hard lighting

色光 Color light

赛博朋克光 Cyberpunk light

反射效果 Reflection effect

投影效果 Projection effect

发光效果 Glow effect

浪漫烛光 Romantic candlelight

电光闪烁 Electric flash

雾气朦胧 Mistyfoggy

强光逆光 Intense backlight

闪光灯光 Flashing light

残酷的 / 破碎的 Brutal

戏剧性对比的 dramatic contrast

层次光 hierarchical lighting

OC 渲染器 Octane render

UE5 效果 unreal engine 5

阴影效果 Shadow effect

背光照明 Back lighting

干净的背景趋势 clean background trending

折射光线下的变幻光影 changing light in refracted light

闪烁不定的烛光 flickering candlelight

星光下的美丽影像 beautiful images in starlight

柔和的阴影 soft shadows

梦幻般的光影效果 dreamy light effects

烟雾中的迷离影像 misty images in smoke

未来主义的夜景 futuristic night scenes

红色的霓虹灯光 the red neon light

充满幻想的星空 fantasy starry skies

机器人的投影 projections of robots

未来的科技光束 beams of future technology

黑暗中的眼睛 eyes in the dark

闪耀的星星 shining stars

照亮未来的激光光束 laser beams illuminating the future

强烈的太阳光线 intense sun rays

电影中的未来世界光影 light and shadows in the future world in films

虚拟现实中的光影 light and shadows in virtual reality

高科技眼镜的反射光 reflected light from high-tech glasses

未来世界中的阴影与光影 shadows and light in the future world

未来世界的幻想与现实交织 fantasy and reality intertwined in the future world

机器人身上的光线投影 light projections on robots

未来的科技成为生活中的一部分 the future of technology becoming a part of life

黑暗中的未知形态 unknown forms in the darkness.

5.4 风格提示词

潜意识风格 Subconsciousness

黑白风格 Black and white

新现实主义风格 Neo-realism

水墨风格 Wash painting

创世纪风格 Genesis

纹理 / 肌理风 Texture

国画风格 Chinese traditional painting

山水画 Landscape painting

A 站趋势风格 Trending on artsation

超现实风格 Surrealism/hyprealism

油画风格 Oil painting

写实风格 Realism

原画风格 Original

赛博朋克风格 Cyberpunk

后印象主义风格 Post-impressionism

废土风格 Wasteland Punk

数字雕刻风格 Digitally engraved

建筑设计风格 Architectural design

海报风格 Poster style

原研哉（日本平面设计师）Kenya Hara

藤原浩（日本时尚设计师）Hiroshi Fuiwara

草间弥生（日本女艺术家）Yayoi Kusama

吉卜力工作室（日本动画工作室）Studio Ghibli

星际战甲 Warframe

宝可梦 Pokémon

Apex 英雄 18-1914ZAPEX

上古卷轴 TheElderScrolls

魂系游戏 From Software

底特律：变人 Detroit:BecomeHuman

剑与远征 AFK Arena

跑跑姜饼人 cookie Run:ginger man

英雄联盟 League of Legends

JoJo 的奇妙冒险 jojo's bizarre adventure

新海诚 Makoto Shinkai

副岛成记 Soeima Shigenori

山田章博 Yamada Akihiro

六七质 Munashichi

水彩儿童插画 Watercolor children's illustration

彩色玻璃窗 Stained glass window

水墨插图 ink illustration

宫崎骏风格 Miyazaki Hayao style

梵高 Vincent VanGogh

达芬奇 Leonardo DaVinci

日本漫画 manga/Japanese comics

彩派 pointillism

克劳德莫奈 Claude Monet

绗缝艺术 quilted art

游戏场景图 Game scene graph

建筑素描 architectural sketching

室内设计 interior design

武器设计 weapon design

次表面散射 subsurface scattering

逼真照片 realistic photo style

获奖摄影作品 award winning photography

真实感 photo real

像素方块风 pixel art

神秘生物 mystical creatures

角色设计 character design

角色概念艺术 character concept art

设计方案 concept design sheet

多种概念设计 multiple concept designs

童话故事书插图风格 stock illustration style

全球数字艺术家协会 CGSociety

梦工厂影业 DreamWorksPictures

皮克斯 Pixar

时尚 Fashion

日本海报风格 poster of japanese graphic design

90 年代电视游戏 90s video game

法国艺术 french art

包豪斯 Bauhaus

日本动画片 Anime

东方山水画 Tradition Chinese Ink Painting

古典风 Vintage

国家地理 national geographic

乡村风格 Country style

抽象风 Abstract

riso 印刷风 risograph

设计风 Graphic

墨水渲染 ink render

民族艺术 Ethnic Art

复古黑暗 retro dark vintage

蒸汽朋克 Steampunk

概念艺术 concept art

剪辑 montage

建构主义 Constructivist

旷野之息 botw

剪纸风格 Layered Paper

ins 风（多用于人）insta

浮世绘 Japanese Ukiyo-e

动漫风格 anime style

文艺复兴 Renaissance

野兽派 Fauvism

立体派 Cubism

抽象表现主义 AbstractArt

欧普艺术 / 光效应艺术 OP Art/Optical Art

维多利亚时代 Victorian

未来主义 futuristic

极简主义 Minimalist

粗犷主义 brutalist

充满细节 full details

哥特式黑暗 Gothic gloomy

写实主义 realism

巴洛克时期 Baroque

印象派 Impressionism

新艺术风格 Art Nouveau

洛可可 Rococo

局部解剖 partial anatomy

彩墨纸本 color ink on paper

涂鸦 doodle

伏尼契手稿 Voynich manuscript

书页 book page

真实的 realistic

3D 风格 3D

电影摄影风格 film photography

电影般的 cinematic

5.5 色调提示词

金色时光 golden hour

单色调 monochromatic

大胆明亮 bold and bright

鲜艳色调 vibrant colors

复古色调 retro

柔和粉彩 soft pastels

流行艺术色调 pop art

霓虹明亮 neon brights

温暖黄调 warm yellows

电影色调 cinematic

黑白色调 noir

暖色调 warm

奇幻色调 fantasy

鲜艳色彩 vibrant

金银色调 gold and silver tone

柔和色彩 muted

梦幻色调 dreamy

极简主义色调 minimalist

浪漫色调 romantic

自然色调 natural

戏剧性色调 dramatic

泥土色调 earthy

高对比度色调 high contrast

金属色调 metallic

低对比度色调 low contrast

情绪色调 moody

原色 primary colors

暗沉色调 dark and gritty

互补色 complimentary colors

类似色 analogous colors

明亮欢快色调 bright and cheerful

日落色调 sunset hues

彩虹色 iridescent colors

暖白色 warm white

渐变色 gradient colors

冷白色 cool white

深色调 dark colors

黑色背景为中心 black background centered

浅色调 light colors

多色彩搭配 colorful colormatching

亮度 luminance

低纯度色调 the low-purity tone

5.6 材质提示词

棉 Cotton

麻 Linen

大麻 Hemp

黄麻 Jute

纸沙草纤维 papyrus fabric

羊毛 Wool

羊绒 / 克什米尔 Cashmere

蚕丝 Silk

马海毛（安哥拉山羊羊毛）Mohair

羊驼毛 Alpaca

纱 Yarn

碳纤维 Carbon Fibers

金属纱 Metallic Yarn

尼龙 Nylon/Plya Mid

聚酯纤维 / 涤纶 Polyester

亚克力纱 Acrylic

人造棉 / 造丝 Rayon

弹力纤维 Elastane Fiber

莫代尔 Modal

莱卡 Lycra

扁柏 Hinoki falsecypress

松树 Pine

冷杉 Fir

云杉 Spruce

雪松 / 香柏树 Cedar

侧柏 Arborvitae

落叶松 Larch

落羽杉 Bald Cypress / Swamp Cypess

花旗杉 / 北美黄杉 Douglas Fir

柏树 Cypress

红桧 Benihi

台湾肖楠 Taiwan Incense Cedar

刺柏 Juniper

红杉 Sequoia

北美白蜡木 American White Ash

北美红橡木 / 红栎木 American Red Oak

胡桃木 Walnut

黄杨木 / 北美鹅掌楸 Yellow poplar wood

柚木 Teak

玫瑰桉木 Red Grandis

桃花心木 mahogany / Swietenia

榉木 Beech

山毛榉 Fagaceae

白桦树 Birch / Betula

橡木 / 栎树 Oak

橡胶木 Rubber Wood

黑檀木 Ebony

檀木 Sandalwood

玫瑰木 / 紫檀木 Rosewood / Padauk

定向纤维板 Oriented Strand Board

胶合板（木夹板）Wooden Plywood

木芯版 Lumber core plywood

薄片木皮 Veneer

人造板 wood-based panel

金 Gold

银 Silver

铜 Copper

铁 iron

黄铜 Brass

青铜 Bronze

锡 Tin

铂 / 白金 Platinum

铋 Bismuth

铝合金 Aluminum alloy

石灰岩 Limestone

泥岩 / 页岩 Shale

沙岩 Sandstone

板岩 Slate

燧石 Chert

熔岩（岩浆状态）Lava

火山岩 volcanic rock

安山岩 Andesite

花岗岩 Granite

玄武岩 Basalt

黑耀石 Obsidian

大理石 Marble / Marbling

石英岩 Quartzite

蛇纹岩 Serpentinite

磨石子 Terrazzo

洞岩 / 石灰华 Travertine

马赛克 Mosaic

柱 Column

哑光 hone finished

抛光 polished finished

混凝土 concrete texture

磁砖 Tile

鹅卵石 cobblestone

红宝石 Ruby

蓝宝石 Sapphire

天青石 Celestine

青金石 Lazurite

月光石 Moonstone

紫水晶 Amethyst

黄玉（黄晶）Citrine

水晶 Crystal

石英 Quartz

石榴石 Garnet

钻石 Diamond

亚历山大石 / 变色石 Alexandrite

金绿玉 Chrysoberyl

电气石（碧玺） Tourmaline

绿松石 Turquoise

祖母绿 Emerald

海蓝宝石 Aquamarine

橄榄石 Olivine/Peridot

玛瑙 Agate

蛋白石 Opal

绿柱石 Beryl

丹泉石（坦桑石） Tanzanite

琥珀 Amber

珍珠 Pearl

珊瑚 Coral

象牙 Ivory

蓝铜矿 / 石青 Azurite

孔雀石 Malachite

翡翠 / 玉石 Jadeite / Jade

煤精 / 炭玉 Jet

硫 Sulfur

莫桑石 Moissanite

萤石 Fluorite

摩根石 Morganite

粉红尖晶石 Pink Spinel

煤矿 coal

保丽龙 Styrofoam

树脂 Resin

鳞片 Scales

5.7 质量提示词

超高清 UHD

解剖学正确 anatomically correct

准确 ccurate

质感皮肤 textured skin

非常详细 super detail

高细节 high details

屡获殊荣 award winning

最佳质量 best quality

高质量 high quality

视网膜屏 retina